味觉系的轻食新主张

轻·食尚
罐沙拉

U0208552

孙晶丹　主编

四川科学技术出版社

目　录

第三章　百分之百饱足·一罐搞定一餐

第四章　百分之百纾压·一罐满满甜蜜

第一章
蔬果叠叠乐·

"Jar Salad" 我的罐沙拉

最近在纽约、巴黎、东京等时尚圈潮到不行的"Mason Jar"罐装料理，
其实和"轻食""养生"等饮食概念的崛起息息相关；
再加上全球性的食品安全问题连环爆发，若不在家里吃饭，
如何用最简便的方式"自制"外食，已成为一般上班族最关切的话题！
"Mason Jar"的概念源起，其实是将原本只用来密封保存食品的玻璃罐，
扩充为"漂亮食材"与"玻璃透明器皿"完美结合的华丽展演；
通过层次分明、色彩斑斓的罐装手法，
不但做法简单，更能延长食物的保鲜期。
由于本书聚焦于沙拉主题，故将其简称为"Jar Salad"罐沙拉。

食的五感　堆叠美味

美食的真义，是一场涵盖了视觉、听觉、触觉、嗅觉和味觉的"五感"盛宴。想吃到不同食材的个别滋味，"分层"取食，是个绝妙好点子！

❖ 从"分层沙拉"到"罐装沙拉"

"Layered Salad"，即分层沙拉，是将不同食材一层一层堆叠在一起的沙拉，通常是盛放在一个透明的、有一定深度的宽口玻璃钵里，沙拉酱或调味料则撒在最上层。为保证调味料能被充分吸收，有时需要把沙拉放在冰箱里过夜，故也被称之为"过夜沙拉"。

"Jar Salad"，即罐装沙拉，融合了分层沙拉的概念，也将已分类的食材，一层一层放入宽口的玻璃瓶中。但不同的是，其罐身较小，分量也少了许多，通常是为了让一少部分食材更入味或延长保鲜期而分装的。

❖ 让沙拉多出 3 ~ 5 天的保鲜期

大钵的沙拉，与分层、分装后的罐沙拉比较，在密封玻璃瓶里的罐沙

拉，它的新鲜赏味期会延长 3 ~ 5 天。尤其是包菜、甜菜根、西蓝花等食材，最适合切碎并放置一段时间后再食用，因为这些蔬菜在放置过程中，可以发酵产生一种对人身体非常有益的活性酶。

❖ 一日七蔬果 养生之道再发现

根据英国伦敦大学最近公布的一项研究表明，每天吃下七种以上的蔬菜水果，死亡率降低 42%，罹癌率降低 25%，心血管疾病也降低 31%。罐沙拉中合理搭配的多样蔬果，一罐即可满足这一要求。

哪些玻璃罐最适合？

回收环保罐

　　每个人的家里一定有不少原本用来盛装果酱、辣椒酱、酱菜之类的空玻璃罐。可从中挑选罐口至少宽6厘米以上，容量为350 ~ 550毫升，采用"旋盖式"设计，罐盖内侧有防渗垫圈的，且拥有一定深度的宽口玻璃罐。以下，将介绍如何对这些玻璃罐进行清洗、杀菌和消毒。

快速剥除标签

方法❶ 吹风机吹

用吹风机的热风，沿着标签表面吹拂，熔化黏着剂后再从边缘一点一点慢慢掀起、剥除。

方法❷ 浸泡热水

在热水里浸泡一会后，有些水溶性的黏胶会自动剥离，几乎不必费力就可以撕下标签纸。

方法❸ 酒精擦拭

针对强力胶之类的黏胶，可用酒精或卸指甲油的去光水泡5分钟，再用抹布拭掉残胶。

清洗和消毒

步骤❶ 清洗

剥除标签后的空玻璃瓶还是要用中性洗碗精清洗一次，将罐里残存的气味或酱汁清除干净。

步骤❷ 煮沸

将玻璃罐放入冷水中一起煮沸、消毒10分钟，再将瓶盖放入沸水中，稍微煮一下即可。

步骤❸ 晾干

直接倒扣晾干，或放进烘碗机里烘干。切记，盖子里如有白色软垫，不宜高温加热太久。

市售玻璃罐

市售玻璃罐的价差其实颇大，同样大小，从二三十元到数百元都有。耐热温度高低、强化程度优劣，甚至连盖子的材质或罐身线条是否容易握取，都是选购的关键。该怎么挑？哪些设计上的小细节需要特别注意呢？

有握把

附有握把或提耳的玻璃罐，最适合拿来盛装液体较多的汤品或冷饮，但需注意耐热度及耐冷度。

套盖式

可替换为酱料罐的油嘴、吸管杯盖等，密闭性较佳，开启时也比较不费力。

可插吸管

市面上有些玻璃罐或随身杯附有弹跳盖或吸管杯盖可供替换，实用性更高。

圆罐

大部分的酱料罐都采用圆型罐身设计；切记，容量较大时，罐身要略扁，开罐时才有着力点。

方罐

可能是四角罐、六角罐或八角罐；装瓶时，食材之间容易出现空隙而造成腐败，要特别留意！

矮罐

适合盛装汁液较少的沙拉。罐子虽然较矮，但罐口却比较开阔，取食时会更方便。

哪些食材最适合？

如果你是一大早准备，中午就打算食用，只需装入保温袋或保冷袋，而且几乎所有食物都能装入罐里，即时取用。但若有保存2～3天甚至更长时间的打算，那么，在食材洗洗切切及烹调处理上，有些小细节你不能不知道！

蔬菜 从营养和保健角度来看，大部分蔬菜都是"生食"获得的营养价值最高，像维生素C和一些活性酶，很容易在洗洗切切和烹调过程中遭到破坏。不过，考量农药残留问题，还是要洗干净或煮熟了再食用。

上
中
下

❖ 根茎类

如芋头、红薯、萝卜、土豆等。大多要先去皮，适合加热，能提供热量、蛋白质、膳食纤维。

❖ 叶菜类

如白菜、苋菜、红薯叶、空心菜、菠菜等。手剥才能保持蔬菜的甜度，酱汁也更容易沾附。

❖ 果菜类

如茄果类、瓜果类、豆果类等。几乎都可以生食，但西红柿熟吃会比生吃获得的总体营养价值要高。

❖ 花菜类

如花菜、金针花、韭菜花等。不宜生食，需浸泡后再仔细清洗，以免花虫跟着食材下肚。

❖ 香辛类

如茴香、罗勒、辣椒等。切过后香气更强烈；食用前再清洗，还应该沥干并另外放置，以免混味。

❖ 芽菜类

如绿豆芽、苜蓿芽、萝卜芽等。芽苗菜最好在采收清洗后立即食用，否则易丧失其鲜味。

水果

大部分水果都可以"生食"，但该怎么洗去残留农药呢？农药依成分可分为"水溶性"及"油溶性"两种，水溶性农药用清水就可以洗掉，至于油溶性农药的清洗，盐水或许能扮演类似蔬果清洁剂的角色，但最后一个步骤都是"需用流水仔细冲洗"。

上
中
下

❖ 柑果类

外果皮含油泡，内果皮形成果瓣，如橘子、橙子、金橘、柠檬、葡萄柚、柚子、莱姆等。

❖ 仁果类

外果皮及中果皮与果肉相连，内果皮形成果心，里面有种子，如苹果、梨子、柿子等。想连同果皮一起食用，可用棕榈刷轻刷外皮去蜡，或用蔬果专用洗剂浸泡后，再用大量清水冲净。若是去皮、切丁或切丝，加工后的水果须浸在冷水或盐水里，让它与空气隔绝；柠檬汁或橙汁富含抗氧化成分，清洗水果时滴几滴，可避免切口氧化。

❖ 浆果类

如葡萄、西红柿、草莓、桑葚、蔓越莓、蓝莓等。装罐及保存过程中容易受损，宜放上层。

❖ 核果类

内果皮形成硬核，包有一颗种籽，如桃子、李子、杏子、梅子、樱桃等。洗净即可装入罐内。

❖ 坚果类

如栗子、核桃、杏仁、夏威夷果、花生、腰果等。可先烤一下，香气会更浓郁，宜放上层。

五谷杂粮

常见如糙米、小麦、燕麦、大麦、荞麦、稞麦、小米、高粱、糙薏仁、洋薏仁、糯米、黄豆、红豆、黑豆、豌豆、扁豆、毛豆，或是花生、核桃、腰果、芝麻、松子等坚果类，都属五谷杂粮范畴，且需蒸熟才能食用。以下介绍最常食用的五种养生谷类。

❀ 糙米

又称为玄米，含有米糠和胚芽，对于消化不好及不习惯吃纯糙米饭的人，可以在糙米饭中加入适量白米。至于同为米类的黑糯米（紫米），由于营养成分大多集中在表皮上，清洗时则不宜过度浸泡。

❀ 薏仁

薏仁比较大颗，中间有凹沟；俗称的洋薏仁、小薏仁、珍珠薏仁，其实都是大麦仁，体型比较小颗，看起来像燕麦。而红薏仁（俗称糙薏仁）则保留了深咖啡色的麸皮，B族维生素、纤维质与薏仁酯的含量都比较高。浸泡一晚后直接用电锅或压力锅蒸熟，比较不会熬焦。

❀ 红豆

煮红豆时不宜用铁锅，否则红豆中的花色素和铁结合后会变成黑色。另外，千万不要一开始就加入糖，否则很难煮得松软。

❀ 燕麦

纯燕麦片是由燕麦粒压制而成，呈扁平状。冲泡式的麦片则是小麦、大米、玉米、大麦等多种谷物混合而成的。

❀ 绿豆

开盖煮绿豆汤容易变红褐色，但若用压力锅煮，或用纯水，或挤入半勺柠檬汁，熬煮时就比较容易保持翠绿。

面食面点

有些面食类，经过水煮后，若再放进冰箱冷藏，口感会变硬，像这一类的面点，如果放进沙拉罐里，最好当天食用完毕；另外，如果你偏好的是酥脆松软的糕饼口感，建议放在沙拉罐的最上层，或等到开罐后、要食用之前，再撒上即可。

上 ③
中 ②
下 ①

❖ 面包类

刷上奶油后再烤过的面包丁、口感扎实的法国面包、欧式面包或者全麦面包，比较适合搭配沙拉。

❖ 意大利面

煮后，一定要充分沥干并放凉。意大利面就算直接泡在酱汁里也不易软烂，和各式沙拉都是绝配。

❖ 米粉

不管是台式米粉、客家米粉、越南米粉、泰式米粉，制程不同，吸水程度也完全不同。更容易吸水、发涨的要放上层。

❖ 凉皮

如果想要保持清爽的"Q"度，酱汁和凉皮一定要完全地隔离开来。建议使用附有酱汁隔层的玻璃罐。

❖ 饼干

片状的饼干，可当作区隔食材的夹层使用；另外，若将饼干压碎，可充当坚果类的替代品。

❖ 蛋糕

装入玻璃罐里的蛋糕的组合概念会比较类似生日蛋糕、夹馅蛋糕的分层概念，若搭配新鲜水果，需拭干水分。

肉类和蛋类

随身携带外出食用的沙拉罐，不建议放入未煮熟的生鲜肉品，以免腐败。即便是烹调过的肉类，一旦出现黏滑或怪味时，也应立即扔掉。另外，沙拉罐在冰箱里的摆放位置也需特别注意，切勿直接放在冰箱门架边。由于冰箱门经常打开，暖空气会进入，所以这里最不适宜储存容易变质的食物。

❖ **鸡肉**

鸡肉虽然比猪肉及牛肉的保存期限更长，但脂肪含量也是最低的，若想避免口感过于干涩，可在肉的外层包覆一层酱汁或油脂。

❖ **牛肉**

虽然五七分熟的牛肉口感最为鲜甜，但制作罐沙拉时，不宜保留血水，需煮至全熟。

❖ **猪肉**

绞肉比块状肉更容易与空气接触，建议要充分煮熟，再装入罐沙拉里，可延长保存期限。

❖ **鱼肉**

与其他食材混合食用的鱼类，尽量挑选无刺或已经剔除鱼刺的部位，且需充分煮熟，以免滋生病菌。

❖ **海鲜**

虾、蟹、贝类应去壳、煮熟；鱿鱼、章鱼等应将内脏去除，再将皮剥除，仅保留可以食用的部分。

❖ **鸡蛋**

不管是水煮蛋、炒蛋或煎蛋，在全熟且不碰到水的情况下，冷藏保存6～7天是没问题的。

沙拉酱调味料

制作沙拉的主料多是新鲜的水果和蔬菜，而以油、醋为主材料的沙拉酱（salad dressings），则能在生鲜食材表面形成"油封"薄膜，减缓营养成分在空气中氧化的速度。如果不是马上或当天食用完毕的沙拉罐，应选择不易油水分离或腐败的沙拉酱汁。

❀ 蛋黄酱

又称为美乃滋（mayonnaise），是一种由植物油、鸡蛋、柠檬汁或醋以及其他调味料制成的浓稠半固体调味酱。

❀ 油醋酱

通常以橄榄油、葡萄酒醋、水果醋为主。但也可任选自己喜欢的油、醋或是酸性果汁，以油3、醋1的比例混合即可。

❀ 芝麻酱

把芝麻磨成粉末后调制而成的酱料，质地为黏稠的半固体，上面覆盖有一层芝麻油。芝麻酱分为白芝麻酱和黑芝麻酱两种。

❀ 优格和鲜奶油

优格，或译作酸奶，是由动物乳汁经乳酸菌发酵而产生的。鲜奶油（cream）则是取自生牛乳顶层（牛奶脂肪含量较高的一层）所制成的乳制品。

❀ 香料和调味粉

包含起司粉、胡椒粉、孜然粉、柴鱼片、咖喱粉、辣椒粉、海苔粉、芥末粉、香蒜粉、梅子粉、可可粉、五香粉、咖啡粉、肉桂粉等。

❀ 果酱

用水果果肉和冰糖经过高温熬煮制成的浓厚酱状物。装罐时，水分含量较高的果酱要放在罐子最下层。

制作六步骤

步骤一
装入酱汁

步骤二
不怕长时间浸泡的固体食材

步骤三
水分较多的蔬果类

可用漏斗或长柄汤匙，将酱汁倒入或舀入罐子底部。酱汁的多寡，可依个人口味偏好而定。

蔬果类、肉类或面食类皆可，依据该道沙拉想要表现的口感，只要是耐泡或需要充分吸附酱汁的食材皆可。

有些蔬果，如黄瓜、玉米粒、橘子、香蕉、猕猴桃等，经过洗洗切切的步骤，容易变得软烂或冒出汁液。

即开即食

　　"罐沙拉"的罐口较窄，不容易翻搅或任意取食；再加上酱汁是在最下层，因此食用前一定要充分摇晃均匀，或倒置罐身几分钟，让酱汁流到最上层再食用！餐具则以叉子、筷子或长柄汤匙为宜；若是饮料或甜品，可搭配吸管食用。

若以中式料理的概念来看待沙拉（salad dressings），这其实是一道凉菜，因为制作沙拉的过程中，蔬菜及不少配料可能都没有经过煎、煮、炒、炸等处理。因此，在层层堆叠装入罐子里时，需考量食材摆久了是否会"生水"或"腐败"的问题，并把握"湿的在下层、干的在上层"的第一指导原则。

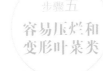

步骤四
不宜浸泡的
干粮面食

步骤五
容易压烂和
变形叶菜类

步骤六
封盖

切记，对淀粉含量较高、浸泡过久容易发涨和软烂的面条或米食，相邻的上下层食材都要充分拭去水分后再装罐。

带梗的叶菜类，建议事先将菜梗和菜叶分开，菜梗放下层，菜叶放上层。若需经过水煮，也要沥干、挤去水分后再装罐。

不要担心食材会因挤压而变形、走味！罐沙拉的前题就是要减少食材接触空气的机会，挤压得越紧，反而更能保持鲜味。

倒在碗盘里食用

将罐沙拉摇晃均匀后倒在碗盘里食用，可以营造另一种进食时的优雅氛围。挑只漂亮的盘子，再铺上桌巾、桌垫，摆上一副刀叉，不必屈就于"一口只能吃到一种食材"的罐口宽度，还能省下"一面进食一面拌匀酱汁"的步骤呢！

第二章

百分之百养生·

一罐七蔬果

20道养生沙拉 ╳ 20 款沙拉酱汁

只要一罐，就可吃到七种蔬果！
本章，有很多美味的酱汁，
包含以"蛋黄酱"为主的路易斯安那沙拉酱、芥末籽蛋黄酱、千岛沙拉酱等，
和以"油醋酱"为主的法式油醋酱、意式葡萄酒醋等。
另外，一些以优格、酸奶油或洋葱、豆泥、番茄酱为主的养生沙拉酱，
自己也能轻松在家制作。
最后，别忘了参考一下能让色、香、味加倍升级的"美味魔法技"，
多花点小心思，踏出健康第一步！

餐厅的沙拉菜单里，经常可见到以千岛沙拉酱做成的沙拉（thousand island dressing），而它的发源地就在北美千岛群岛。它独特的酸甜味道与浓稠程度，也特别适合做海鲜沙拉、蔬菜沙拉的凉拌酱汁。

经典千岛沙拉

🍴 使用器具: 叉子、筷子

放置时间: 2 ~ 4 天

七蔬果
莴笋 20 克,西芹 15 克,紫包菜、圣女果、菠菜各 10 克,毛豆、甜玉米粒各 25 克

做法
1. 莴笋、菠菜摘成一口大小; 西芹刮去外层粗纤维,切薄片。
2. 毛豆烫熟、沥干、放凉; 紫包菜切成丝; 圣女果切对半。

 这么装就对了

千岛沙拉酱→圣女果
→西芹→甜玉米粒→
紫包菜→毛豆→莴笋
→菠菜

千岛沙拉酱怎么做?

干料
水煮蛋半个,新鲜香芹碎末 2 克,洋葱碎末 5 克

湿料
蛋黄酱 30 克,番茄酱 5 克

做法
1. 将蛋黄酱与番茄酱拌匀,喜欢口感酸一点的人,番茄酱与蛋黄酱的比例可拉高至 1:1。
2. 水煮蛋剁碎,与香芹碎末、洋葱碎末,一起拌入已拌匀的蕃茄蛋黄酱里即可。

美味魔法技
加入美式酸黄瓜

加入一点酸黄瓜细末吧——将月桂叶、百里香、红辣椒、新鲜茴香以及醋、白糖加水一起煮滚后即关火,随后立刻把小黄瓜放入已煮滚的调味料汁中浸泡。待凉后,装入干净的玻璃瓶内,存放于冰箱 2 天,入味即成美式酸黄瓜。

美乃滋起司沙拉

七蔬果 | 土豆、小黄瓜、胡萝卜、甜菜根、罐头玉米粒、青椒各25克，黄帝豆30克

做法
1. 土豆、甜菜根、胡萝卜蒸熟，切成1.5厘米的丁状。
2. 黄帝豆焯烫后沥干、放凉。
3. 小黄瓜、青椒洗净，切成1.5厘米的小丁。

美味魔法技
加点帕玛森起司粉

块状的帕玛森起司价格偏高，如果想让起司酱的味道更明显，在调制沙拉酱时，可撒点起司粉；当然，讲究一点的话，不妨用细孔刨丝器直接将新鲜的帕玛森干酪研磨成粉状。

 这么装就对了

美乃滋起司酱→黄帝豆→小黄瓜→甜菜根→玉米粒→土豆→胡萝卜→青椒

美乃滋起司酱怎么做?

干料
火腿末15克，奶油乳酪10克

湿料
蛋黄酱25克，柠檬汁适量，蜂蜜5克

做法
1. 火腿末可先煎一下，增加香气，但一定要放凉后再使用。
2. 奶油乳酪搅打至乳霜状，再加入所有材料搅拌均匀，即成美乃滋起司酱。

这道沙拉，融合了美式和日式的沙拉酱做法，
奶油比重较大，口感也偏甜，
适合本身没什么味道或辛呛味较重等两种反差颇大的蔬菜，
前者可以带出蔬菜本身的『甜味』，
后者则能中和生菜的『生味』。

路易斯安那是美国的第二大渔业州，
这道沙拉虽然以蔬果为主，
但它的酱汁其实和白肉（如鱼肉或鸡肉）十分合拍，
尤其是酱汁里还加了点蟹肉末，
喜欢酸甜中带点辛辣口感的人，不妨试着做做看。

路易斯安那沙拉

使用器具: 叉子、筷子

放置时间: 1～2 天

七蔬果
圣女果、黄甜椒各 20 克, 生菜、木耳各 10 克, 小黄瓜、苜蓿芽各 30 克, 胡萝卜 25 克

做法
1. 生菜切成 3 厘米大小的块状, 黄甜椒切丝, 小黄瓜切块, 胡萝卜切丝。
2. 木耳焯烫、放凉, 用手掰成不规则的块状。

 这么装就对了

30 克路易斯安那蛋黄沙拉酱→圣女果→木耳→小黄瓜→黄甜椒→胡萝卜丝→苜蓿芽→生菜

微辣的蛋黄沙拉酱怎么做?

干料
熟蟹肉末 30 克, 红洋葱碎末、红甜椒末各 15 克, 香芹碎末、酸豆碎末、盐各 2 克, 胡椒粉、茵陈蒿粉末各适量, 水煮鸡蛋碎末 1 个, 柠檬皮细末 1 克

湿料
柠檬汁 15 毫升, 辣椒汁 2 毫升, 伍斯特酱 2 克, 蛋黄酱 90 克

做法
1. 熟蟹肉、红甜椒须挤干水分, 再拌入酱料里。
2. 水煮鸡蛋放凉后, 可用筛网过筛, 碎粒会更细致。
3. 先拌好湿料, 再放入干料; 至于口味, 可依个人偏好进行微调。

美味魔法技
一定要放茵陈蒿吗?

茵陈蒿是欧美料理中常被用来去除蛋、鱼、鸡等肉类腥味的辛香料, 带点大茴香、柑橘、八角及胡椒的香气; 通常也被用来加入塔塔酱或芥末酱里, 我们常吃到的欧姆蛋卷 (omelettes), 其实也会使用此香料。

大部分的生鲜蔬菜、当季水果，几乎都可以应用于沙拉冷盘里，重点是如何将其清洁干净，并在洗洗切切或加热过程中保持蔬果中的各种营养元素。最后，再稍微花点心思搭配和调味，就可以变化出各式各样的罐装法式田园沙拉了。

法式田园沙拉

使用器具：汤匙、叉子、筷子

放置时间：2～3 天

七蔬果
芦笋 40 克，蘑菇 30 克，酪梨 25 克，菠菜、紫包菜各 10 克，秋葵 18 克，莴笋 20 克

 这么装就对了

30 克柠檬芥末蛋黄酱→酪梨→蘑菇→芦笋→紫包菜→秋葵→莴笋→菠菜

做法

1. 芦笋、秋葵焯烫后放凉；芦笋切成 5 厘米小段；秋葵去蒂头，可切成 2 段，如果体型较小，不切段亦可；蘑菇切片，放入锅内干煎至两面略微上色即可。

2. 酪梨切成 2 厘米左右的块状；将莴笋、紫包菜及菠菜洗净后擦干；菠菜切成 5 厘米长的小段；莴笋切成 3 厘米长的块状；紫包菜也切成 5 厘米长的丝状。

柠檬芥末蛋黄酱怎么做?

干料
白糖 10 克，盐少许，胡椒粉适量，芥末籽酱 15 克

湿料
蛋黄 1 个，植物油 100 毫升，新鲜柠檬汁（或白醋）8 克

做法

1. 将蛋黄放入调理盆中，加入白糖，用打蛋器或电动搅拌棒搅打至泛白。

2. 分次且慢慢地滴入植物油，并用打蛋器同向搅拌，将空气慢慢打入，搅拌成浓稠状。

3. 最后再加入柠檬汁、盐、芥末籽酱及胡椒粉，搅拌均匀即可。

美味魔法技
加点蜂蜜，口感更温和

清爽的芦笋与带有特殊香气的柠檬芥末蛋黄酱，两者堪称绝配。然而，由于这道沙拉使用了酸味较强的芥末籽酱，虽有芥籽的独特口感，但也带点呛味，建议制作酱汁时，可以加点蜂蜜，口感会更和谐。

七色薯泥沙拉

使用器具：汤匙、叉子

放置时间：1～2天

七蔬果

土豆 100 克，青豆仁、红甜椒、胡萝卜、罐头玉米粒、干紫菜各 30 克，紫包菜 10 克

做法

1. 土豆蒸熟、捣成泥，拌入些许胡椒粉、奶粉、盐调味。
2. 青豆仁焯烫后，沥干、放凉；干燥紫菜泡软，入滚水焯烫 3 秒，沥干备用；胡萝卜蒸熟。
3. 红甜椒、胡萝卜切成 1.5 厘米的丁状；紫包菜切成细丝。

 这么装就对了

土豆泥→和风沙拉酱→紫包菜丝→胡萝卜丁→青豆仁→红甜椒丁→玉米粒→紫菜

美味魔法技
变化多端的薯泥口味

除了加入奶粉之外，土豆泥里面不妨加入切碎的水煮蛋、起司片，口感也会更香浓而滑顺。偏爱"肉味"的人，可以加入煎过的火腿丁或培根碎粒；或者不用奶粉，改用起司粉或咖喱粉，都和这道沙拉非常速配。

和风沙拉酱怎么做?

干料
七味粉 2 克，盐少许

湿料
味淋少许，蛋黄酱 30 克

做法
1. 将味淋、蛋黄酱拌匀，直至完全融和。
2. 加入七味粉，搅拌均匀即可。

将薯泥做底层时，必须让薯泥保持一定的硬度，才不会被酱汁完全浸透，加入奶粉的目的便在于此。

逐层排放蔬菜时，可依蔬果大小及重量来做分配，色系由深至浅或由浅至深，甚至跳色排放，都会让罐身十分美观。

每周为自己安排一罐「养生菇菇餐」吧！

此道料理的前置作业以干煎及烘烤为主，

至于调味也只有橄榄油、红酒醋和盐，

对人体的循环系统颇有助益。

切记，菇类虽含有丰富的多糖体，多吃固然可增强免疫力，

但它也是高嘌呤的食材哟！

翡冷翠醋拌鲜菇

使用器具: **叉子、筷子**

放置时间: **3 ~ 5 天**

| 七蔬果 | 蘑菇 30 克, 干香菇 15 克, 秀珍菇 25 克, 木耳 5 克, 杏鲍菇 10 克, 鸿喜菇 20 克, 罗勒叶适量 |

 这么装就对了

30 克油醋酱→蘑菇→木耳→秀珍菇→罗勒叶→杏鲍菇→干香菇→鸿喜菇→罗勒叶

意式油醋酱怎么做?

| 干料 | 洋葱末 15 克, 蒜瓣 2 克, 月桂叶 1 克, 百里香适量, 盐、粗粒黑胡椒各少许 |

| 湿料 | 意大利红酒醋 5 毫升, 橄榄油 15 毫升 |

 做法

1. 取一支炒锅, 加入橄榄油烧热, 再放入干料及红酒醋, 以中火爆香。
2. 切记, 须放凉后, 才可放入罐内当作沙拉底层食用; 喜欢洋葱爽脆口感的人, 洋葱在酱汁放凉后再拌入也可。

做法

1. 将干香菇泡软后挤干水分, 入油锅煎至略微上色; 蘑菇切片, 入锅干煎至略微上色。
2. 秀珍菇、鸿喜菇洗净后盖上保鲜膜, 以蔬菜模式(或 800 瓦的中火力微波)微波 1 分钟; 杏鲍菇切丁, 微波前可洒点水, 同样覆上保鲜膜后以蔬菜模式微波约 90 秒; 秀珍菇、鸿喜菇可撒点黑胡椒粒, 杏鲍菇则撒点香芹粉。
3. 罗勒叶洗净, 拭干水分, 切成大块的片状; 木耳焯烫、放凉, 切成块状。

美味魔法技
让菇类清爽嫩口 小贴士

新鲜菇类含水量高达 70% ~ 80%, 因此下锅时间不宜太长, 以免甜分和水分流失。另外, 菇伞较薄, 又容易吸水的菇类, 如金针菇、秀珍菇等, 可选择微波方式至于菇柄比较肥硕的菇类, 如杏鲍菇, 则可水煮, 但须挤干水分。

法式奶油洋葱酱沙拉

七蔬果
莴笋 15 克，甜菜根的叶梗 10 克，胡萝卜 25 克，豌豆苗适量，有机玉米 30 克，胡桃 20 克，葵花子 8 克

做法
1. 莴笋、甜菜根叶梗、豌豆苗洗净、切小段，沥干。
2. 胡桃掰成对半，备用。
3. 玉米、胡萝卜烫熟；玉米用刀"片"下玉米粒；胡萝卜切片，再用模型压出花瓣状。

 这么装就对了

奶油洋葱酱→胡萝卜→甜菜根叶梗→玉米→豌豆苗→莴笋→胡桃→葵花子

美味魔法技
洋葱丝再多一点

本道食谱的洋葱酱是当天做、当天吃完，只讲求爆香即可，但如果想吃传统一点、呈深褐色的洋葱酱，那就把大量的洋葱切丝，洋葱和油的比例大概是 5: 1；如果一次煎四颗洋葱切成的丝，煎至软烂、变色大概需要 30 分钟以上。

奶油洋葱酱怎么做?

干料
洋葱 30 克，蒜头、培根丁各 5 克，胡椒粉、盐各适量

湿料
橄榄油 15 毫升，奶油 15 克，食用油适量

做法
1. 将洋葱、蒜头切碎备用。
2. 起油锅，加入奶油，再爆香培根丁、蒜末和洋葱。
3. 放凉后加入胡椒粉、盐、橄榄油，搅拌均匀。

法式洋葱酱是一种同时带着奶油和橄榄油双重香气的美味酱汁，不但能拌沙拉，也可以单独用作蘸酱，让一些看似朴实无华的食材，披上浓浓的巴黎时尚风情。虽然一般超市都可买到洋葱酱，但若担心人工调味剂的问题，建议还是自己动手做吧！

这款橄榄油香蒜酱，无论是搭配水煮青菜或冷盘沙拉都很棒。如果不想吃到蒜头颗粒，可以把大蒜磨成泥，做成蒜味橄榄油；嗜辣的，可以将大蒜剥去皮膜，红辣椒切半，放进橄榄油中浸泡，再放冰箱冷藏7天以上，就是香辣带劲的辣蒜橄榄油了。

橄榄油香蒜沙拉

使用器具: **汤匙、叉子、筷子**

放置时间: **3 ~ 5 天**

七蔬果|菊苣 30 克,苹果 50 克,小黄瓜 40 克,苜蓿芽、杏仁片、葡萄干各适量,花菜 20 克

做法
1. 苹果、小黄瓜洗净,以滚刀方式切成小块状。
2. 菊苣洗净,用手撕成适口大小。
3. 花菜焯烫后沥干、放凉。
4. 杏仁片可事先煎焙或烤过,会更加香脆。

这么装就对了

橄榄油香蒜酱→苹果→小黄瓜→花菜→菊苣→苜蓿芽→杏仁片→葡萄干

橄榄油香蒜酱怎么做?

干料|蒜头末 25 克,新鲜香芹、盐各适量

湿料|初榨橄榄油 15 毫升

做法
1. 蒜头去皮膜、剁成细末;新鲜香芹叶切成细末。
2. 将蒜头末、新鲜香芹末与橄榄油、盐拌匀即可;可提前一天做起来放冰箱,味道会更均衡,蒜头的辛呛味也会减少一些。

美味魔法技
加入脆脆的蒜片或蒜粒

欧式沙拉里常可看到炸得金黄酥脆的蒜片——大蒜切片后先丢入热水焯烫至泛白,然后取出沥干;入油锅时,以中小火油炸,等开始变色时,再开大火上色、逼出多余油分;快速捞起,用纸巾把油吸干,铺平后,再放进 120℃烤箱烘干 5 ~ 10 分钟。

鲜果时蔬沙拉

七蔬果
新鲜草莓、苹果片、蔓越莓干各15克，菠萝20克，生菜5克，去皮新鲜葡萄10克，核桃10克

做法
1. 新鲜草莓、蔓越莓干洗净切对半，葡萄切半。
2. 菠萝切小片，厚度可略厚；苹果切厚片。
3. 生菜洗净切段，核桃剥成适当的大小。

美味魔法技
加点柠檬汁提味

虽然意大利红酒醋本身就带点酸味，但加得太多反而会让酱汁颜色变浊。这时可以加几滴柠檬汁作调节; 一来可以让沙拉更添果香，二来也能提味，吃起来会更清爽、不腻口！

 这么装就对了

意大利油醋酱→菠萝→葡萄→苹果→草莓→生菜→蔓越莓干→核桃

意大利油醋酱怎么做?

干料
盐、黑胡椒粒各适量

湿料
橄榄油15毫升，陈年红酒醋5毫升

 做法
1. 将盐、黑胡椒粒、橄榄油、红酒醋搅拌均匀即可; 嗜酸的人，醋的分量可以拉高至10毫升。
2. 建议一次可以多做一点，利用上下摇晃的方式，更能带出酱汁的浓郁香口感; 多做的酱汁可冷藏保存。

使用新鲜草莓及生菜做成的水果沙拉，淋上健康的意式油醋，上面还有香脆的核桃及酸甜的蔓越莓干，摇晃罐身之后再吃，会更够味。如果您对陈年葡萄酒醋的要求比较严格，可以选择酿造年份久一点的，如12年、25年等。

椒盐拌炒绿竹笋

使用器具：汤匙、叉子、筷子

放置时间：4 ~ 5 天

七蔬果

绿竹笋 100 克，鸿喜菇 20 克，三色蔬菜丁（青豆仁、甜玉米粒、胡萝卜）45 克，甜碗豆 10 克，葱 5 克

做法

1. 竹笋连壳放入水里煮熟；将煮好的竹笋切丝、鸿喜菇洗净后丢入已爆香的椒盐油里，翻炒到鸿喜菇熟透即可。
2. 三色蔬菜丁放凉，拌点胡椒盐即可；甜碗豆焯烫，沥干后放凉；葱段切丝。

 这么装就对了

绿竹笋→鸿喜菇→三色蔬菜丁→甜碗豆→葱丝

美味魔法技
加点香菜

爆炒绿竹笋和鸿喜菇时，可在起锅前，加入香菜末翻炒一下，因为菇类都有一种独特的味道，加些香菜，反而更提味。香菜茎部和叶子都可以入菜，讲究一点的人，可以只取叶子部分。

椒盐芝麻油怎么做？

干料

黑胡椒粉、盐各 2 克

湿料

芝麻油 5 毫升

做法

1. 先将芝麻油加热（喜欢蒜味的人，可加点蒜末）。
2. 关火后，丢入黑胡椒粉和盐，拌匀即可。

这算是一道中式口味的干拌沙拉，以麻油、胡椒粉和盐为主要调味品。

考量有些肠胃不好的人，可能比较不习惯吃完全没煮过的生菜，这道菜既可以放凉了再吃，也可以放到微波炉或蒸锅里，加热后再食用。

这是可以二次加热再食用的『温沙拉』，
所有的食材都经过事先加热和拌炒。
考虑装罐后的视觉美感及进食时的口味变化，
我们将它分成两道菜来处理，
不过，彼此间却十分匹配，
切记，重口味的须放在下层。

吻鱼XO酱拌温沙拉

🍴 使用器具: **叉子、筷子**

放置时间: **4～6 天**

七蔬果 蘑菇 25 克，新鲜香菇、胡萝卜各 20 克，大白菜 10 克，木耳、三星蒜、芝麻粒各 5 克

做法
1. 吻鱼 XO 酱炒双菇: 蘑菇、香菇切成块状，加入 5 克吻鱼 XO 酱，炒熟即可。
2. 三星蒜以斜刀方式切片备用，胡萝卜、大白菜、木耳切丝，加入盐简单调味，关火前加入三星蒜，快炒 2 秒。

 这么装就对了

吻鱼 XO 酱炒双菇→蒜炒素三丝→芝麻粒

橄榄油吻鱼 XO 酱怎么做?

美味魔法技
加点红辣椒

喜欢吃辣的人，在做鲻鱼 XO 酱炒双菇或蒜炒素三丝时，可以加点红辣椒丝爆炒; 如果只是想当作点缀色，而不喜太辣的，可以买体型大一点、不辣的红辣椒。

干料 吻鱼 8 克

湿料 橄榄油 8 毫升，XO 酱 8 克

做法
1. 将吻鱼用水多冲洗几次，稍微挤干水分。
2. 锅中注入橄榄油，以中低温方式，将吻鱼煎炒至上色。
3. 最后加入 XO 酱翻炒 10 秒即可。

爱琴海优格蔬果棒

七蔬果　西芹 15 克，四季豆 40 克，水梨、胡萝卜各 25 克，玉米笋 20 克，芦笋 30 克，大黄瓜 50 克

做法
1. 四季豆、玉米笋焯烫后，放凉、沥干。
2. 事先预留深 3～4 厘米高的瓶口深度，将西芹、水梨、四季豆、玉米笋、芦笋、胡萝卜、大黄瓜，依据罐子高度，切成同等长度（长 7～8 厘米）的长条状。

 这么装就对了

1. 不同于之前"由下往上"堆叠的方式，蔬果棒的装罐方式，改为横排"由左往右"或"由右往左"方式。在塞满蔬果棒的罐口，直接放入优格沙拉盒，便可封盖。
2. 若无适当大小的迷你沙拉空盒，可直接在罐口铺上一层保鲜膜，并压出可容纳优格酱的深度，装入 35 克优格酱，再盖上瓶盖即可。

美味魔法技
來点新鲜香草更有味道！

干燥后的意式香料粉，若没有经过加热或爆香这道工序，味道并不会很鲜明，如果手边刚好有罗勒叶、薄荷叶或迷迭香之类的新鲜香草，不妨把它们切成细末，加到优格里，尝起来会更有意式风情哦！

希腊优格酱怎么做？

 干料　酸黄瓜碎末 15 克，蒜末少许，意式香料粉、盐各适量

湿料　原味优格(或希腊优格)30 克，橄榄油(或水)适量

 做法
1. 除了盐、橄榄油（或水）之外，将所有材料搅拌均匀。
2. 视个人偏好的酱料浓稠度，加入适量橄榄油（或水）进行调整，最后加入适量的盐调味。

爱琴海优格蔬果棒

蔬果棒的做法其实非常随性，只要可以处理成棒状的蔬果，都可以入罐，唯独需避开容易『出水』的瓜果类。

其次是蘸酱的选择，以浓稠度较高、容易沾附在蔬果棒上的优格酱或蛋黄酱为佳。

中式芝麻酱主要以酱油、白糖、盐、醋、芝麻油为佐料，还会加上葱、姜、蒜及辣椒等辛香料，酱色较深。日式芝麻酱就不太一样了，可加入蛋黄酱或芥末籽，虽然同样带点微酸，但口味偏甜，除了拌沙拉，还可当作肉片、蔬菜、海鲜蘸酱。

和风山药佐芝麻酱

使用器具: 汤匙、叉子、筷子

放置时间: 2 ～ 3 天

七蔬果

山药 100 克，小黄瓜 50 克，苹果 25 克，秋葵、水梨各 15 克，龙须菜、西蓝花各 10 克

做法

1. 山药、小黄瓜、苹果、水梨切丝备用。苹果、水梨先用柠檬水泡一下，以免变色。
2. 秋葵烫熟，以横切方式，切成星星形的厚片状。
3. 西蓝花、龙须菜加点盐，焯烫后放凉; 西蓝花切成小朵状，龙须菜挤干水分后，切成 4 厘米长的小段。

这么装就对了

日式胡麻酱→山药→小黄瓜→苹果→西蓝花→水梨→秋葵→龙须菜

日式胡麻酱怎么做？

干料 白糖、熟白芝麻各 2 克

湿料 芝麻酱 8 克，柴鱼酱油 8 毫升，蒜泥 5 克，芝麻油适量

做法

1. 芝麻酱先用开水调稀，再依序加入其他材料拌匀即可。
2. 熟白芝麻可以加进酱料里，也可以作为装罐后的最后一道步骤，直接撒在龙须菜上面。

美味魔法技
加点蛋黄酱

日式胡麻酱和蛋黄酱是天作之合，可单独作为蘸酱，也可拌匀食用; 既适合淋在干式的蔬菜沙拉上，也能拌入山药、秋葵、皇宫菜等黏液较多的食材。另外，有些日式麻酱会加入芥末籽，美味各有其妙。

塔塔酱（tartar sauce），又名鞑靼酱，据说这道沙拉酱的盛行，与成吉思汗远征欧洲有关，当时用作搭配『塔塔牛肉』这道菜的酱汁，是以白色酸奶为基底，再搭配一些提味用的植物，而这里我们改用优格为基底，并全部使用绿色蔬菜。

优格塔塔翠蔬沙拉

使用器具：叉子、筷子

放置时间：1~2天

七蔬果｜生菜、结球莴苣各5克，红根苜蓿芽、白根苜蓿芽、青色苦瓜切片各适量，西蓝花20克，芥蓝10克

做法
1. 西蓝花、芥蓝焯烫后立刻泡冰开水，而且必须挤干或沥干水分，才能切段、装罐。
2. 青色苦瓜切薄片，如果害怕苦味，可用冰开水泡上一晚，再沥干使用。
3. 生菜、结球莴苣洗净、擦干，直接用手掰成不规则碎片状。

这么装就对了

优格塔塔酱→西蓝花→结球莴苣→红根苜蓿芽→青色苦瓜→芥蓝→生菜→白根苜蓿芽

优格塔塔酱怎么做？

干料｜红洋葱15克，茴香、海盐各适量

湿料｜优格45毫升，柠檬汁适量（可不加）

做法
1. 红洋葱切1厘米小丁；茴香剁碎。
2. 将红洋葱丁、茴香碎拌入优格里，再加点海盐或柠檬汁调味。

美味魔法技
撒点粗粒黑胡椒

干燥的黑胡椒，是欧系菜式经常用到的香料，我们在超市里看到的各种颜色的胡椒粒，如黑胡椒、白胡椒、绿胡椒以及红胡椒，其实都是同一种胡椒，只是在取用果实与种子时，通过不同的加工方法制作而成。

鲜橙柠檬沙拉

七蔬果
橙子 20 克，草莓 45 克，罐头菠萝片 30 克，迷你甜胡萝卜、莴笋各 15 克，猕猴桃 25 克，苜蓿芽 10 克

做法
1. 橙子去皮，取出果肉；草莓洗净后切成 1.5 厘米左右的丁状。
2. 罐头菠萝片取出沥干；迷你甜胡萝卜去头尾，若为有机品种，可不去皮直接切块。
3. 猕猴桃去皮，切成 1.5 厘米小丁；莴笋洗净，用手撕成小块。

美味魔法技
最上层再放点橙子果肉

想要一打开罐子就闻到浓浓的橙子香气吗？最上层铺点橙子果肉，是个不错的好点子。建议你在制做鲜橙柠檬咸酱时，可以额外多预备一些橙子果肉，最好能保留整瓣的，视觉上会更讨喜。

这么装就对了

鲜橙柠檬咸酱→迷你甜胡萝卜→橙子果肉→草莓丁→菠萝片→猕猴桃→莴笋→苜蓿芽

鲜橙柠檬咸酱怎么做？

 干料
蒜泥 2 克，盐 1 克

 湿料
橙子果肉 30 克，柠檬汁 15 毫升，初榨橄榄油 5 毫升

做法
1. 以吃柚子的方式将橙子去除皮，再取出果肉。
2. 蒜头磨成泥，再加入其他材料一起拌匀即可。

这是一道咸甜口味的沙拉，不建议直接拿鲜橙果酱取代，因为沙拉里有很多水果，再淋上果酱可能会太甜腻。如果你天生怕酸，建议选择橙子品种时，可以选择甜度较高的甜橙，如香桔士、晚仑夏橙等。

这道沙拉所使用的酸奶其实是「酸奶油」，主要成分是动物鲜奶油和柠檬汁，而非单纯以牛奶加入菌种发酵而成。其制作时间更短，口感更浓郁，适合搭配清淡的蔬食，也能搭配口味较重的肉类。

酸奶佐香煎三笋

使用器具: 叉子、筷子

放置时间: 1~2 天

七蔬果

芦笋 40 克，玉米笋 15 克，笈白 20 克，紫包菜、包菜各 30 克，葱段、蒜段各适量

做法

1. 先以水煮方式将芦笋、玉米笋、笈白煮熟; 沥掉水分，再使用不沾锅，用小火将三种食材煎烙至略微上色。
2. 紫包菜、包菜、葱段、蒜段，切成细丝备用。

 这么装就对了

柠檬酸奶油酱→芦笋→玉米笋→笈白→紫包菜丝→包菜丝→葱丝→蒜丝

柠檬酸奶油酱怎么做?

美味魔法技
来一点点洋香菜叶

香味浓郁的洋香菜叶 (parsley leaves)，有很多中文名字，如: 巴西里、巴西利、荷兰芹、欧芹、洋芫荽、香芹。如果买得到新鲜洋香菜是最好的了，若不然，也可以用干燥的洋香菜叶替代。

 干料 柠檬皮碎末适量

 湿料 酸奶油 45 克，柠檬汁 8 毫升，蜂蜜 15 克

做法

1. 如果买不到酸奶油，自己动手做也很简单: 将柠檬汁和动物性鲜奶油以 1：3 的比例均匀搅拌; 柠檬汁和鲜奶油混合时，会逐渐变得浓稠，放在室温下 30 分钟，等发酵完成会更浓稠，如果用不完要拿到冰箱冷藏保存。
2. 将酸奶油拌入柠檬汁、蜂蜜，最后再撒点柠檬皮碎末即可。

素沙威玛沙拉

七蔬果

洋葱丁、西红柿丁、茄子丁各25克，胡萝卜、黄瓜各10克，包菜、莴笋叶各5克

做法

1. 前一晚将水中加入青辣椒、盐、白醋、蒜，再将胡萝卜和黄瓜分别腌渍入味，第二天再切片备用。
2. 锅中加茴香、肉桂、豆蔻、红椒粉、盐、少许植物油，炒香洋葱丁、西红柿丁、茄子丁。
3. 包菜切成丝；莴笋叶以不易压烂、不易破损的方式塞进罐口。

 这么装就对了

鹰嘴豆泥酱→炒洋葱丁→炒西红柿丁→炒茄子丁→腌胡萝卜片→腌黄瓜片→包菜丝→莴笋叶

美味魔法技
淋点番茄酱

上桌前，在鹰嘴豆泥上淋一些特级橄榄油，也可以在包入莴笋叶时，淋点番茄酱，味道会更香。嗜辣的人，可以撒一点匈牙利红椒粉（paprika），香香辣辣的，就算没了烤鸡肉这个主角，也不会有失落感！

鹰嘴豆泥酱怎么做？

干料

干鹰嘴豆60克，小茴香粉、盐以及蒜泥各适量

湿料

芝麻酱、柠檬各15克，橄榄油15毫升

做法

1. 干鹰嘴豆浸泡6小时以上，放入一倍的水，用压力锅蒸熟，沥干后备用。
2. 用食物调理机或搅拌机将所有材料打成泥状，建议慢慢加开水，直到出现适合的浓稠度。

您吃过道地的沙威玛吗？
其实它里面的馅料就包含了芝麻酱、鹰嘴豆泥、腌萝卜和安巴酱（一种腌芒果用的辣椒酱汁）。
吃这道沙拉时，可以用塞在罐口的莴笋叶
将罐子里的生菜馅料包起来吃。

这道沙拉的主角是橘子和猕猴桃，分量可依个人喜好酌量增减，若想营造不同口感的多层次变化，不妨将有些食材切丝、有些切丁、有些切块；莎莎酱（salsa）是拉丁美洲人特别喜爱、带有辛辣味的番茄酱汁，辣度和酸度可依个人偏好而定。

西红柿莎莎汇双果

🍴 使用器具：汤匙、叉子

放置时间：1～2天

七蔬果｜生菜、红椒、小橘子各10克，洋葱20克，猕猴桃40克，豆苗、罗勒叶各适量

做法
1. 红椒、洋葱洗净，切丝备用。
2. 小橘子去皮，切成块状；猕猴桃去皮，切丁。
3. 生菜切成2厘米左右的块状；罗勒叶、豆苗洗净备用。

 这么装就对了

西红柿莎莎酱→红椒→洋葱→小橘子→猕猴桃→生菜→豆苗→罗勒叶

西红柿莎莎酱怎么做？

美味魔法技
撒点粗粒辣椒粉

追求重口味的人，可以在制作莎莎酱时，加入5克的辣椒粉。由于这道莎莎酱是当作生菜沙拉的淋酱，因此不必刻意去除西红柿的水分，西红柿丁和洋葱也可剁得更细一些，或者借助搅拌机之类的电动工具，打成莎莎酱泥。

干料｜西红柿30克，洋葱15克，蒜末2克，香菜末适量，盐1克

湿料｜橄榄油、柠檬汁各15毫升，辣椒水1毫升，黑胡椒粉适量

做法
1. 将西红柿、洋葱切成碎丁状。
2. 蒜末和香菜末可以切再细一点。
3. 将全部材料拌匀即可。

墨西哥红酱（salsa roja，英语：red sauce）和墨西哥青酱（又叫青莎莎酱），是墨西哥和美国西南部常见的调味料，就像韩国拌饭里的辣酱一样，都是其国民料理的最佳选择，一般超市都买得到。

墨式红绿双酱沙拉

使用器具: 汤匙、叉子、筷子

放置时间: 1～2 天

七蔬果

杏鲍菇 8 克，花菜、西蓝花各 20 克，甜豌豆 25 克，玉米笋 15 克，青豆仁 30 克，香芹叶适量

做法

1. 杏鲍菇焯烫，沥干后切滚刀块；花菜、西蓝花焯烫后泡冰开水，再切小朵。

2. 玉米笋烫熟，切成对半；甜豌豆、青豆仁焯烫后泡冷开水，沥干备用。

3. 香芹叶用冷开水冲净、备用。

 这么装就对了

红酱 25 克→西蓝花→玉米笋→绿酱 25 克→杏鲍菇→甜豌豆→花菜→青豆仁→香芹叶

墨西哥红绿双酱怎么做?

红酱

西红柿 100 克，墨西哥红辣椒 60 克（超市有卖），大蒜 3 克，洋葱丁 15 克，奥勒冈粉 2 克，盐适量

绿酱

墨西哥绿西红柿 100 克，墨西哥绿辣椒 10 克，大蒜 3 克，西红柿、香菜叶、盐各适量

做法

1. 红酱做法：将红辣椒和西红柿用热水煮至皮软化；辣椒去籽；再将所有材料、盐放入果汁机打成泥状。

2. 绿酱做法：将红、绿西红柿、绿辣椒用热水煮至皮软化，辣椒去籽；再将全部材料、盐放入果汁机中搅拌成泥状。

美味魔法技

绿酱里加点奶油乳酪

喜爱浓稠口感的人，可以在绿酱打成泥之后，再加入少许奶油乳酪调味，这时颜色会从绿色变成淡绿色，口感会更滑顺，而且带点奶味和酸味，非常适合搭配肉类食用。

温沙拉佐咖喱番茄酱

使用器具：汤匙、叉子

放置时间：3 ~ 5 天

七蔬果 南瓜块适量，土豆 50 克，青豆仁、胡萝卜各 25 克，红洋葱、白洋葱各 20 克，圣女果 10 克

做法
1. 南瓜、土豆、胡萝卜蒸熟，切丁。
2. 青豆仁烫热，沥干；圣女果对半切开。
3. 红洋葱切细末；白洋葱顺着纹理切成长条的瓣状。

美味魔法技
加一片起司

如果家里常备有早餐拿来夹进面包里的起司片，何不充分利用它呢？掰碎了，拌进沙拉里，滋味一绝；若经微波加热，起司熔化后直接铺在罐口上，那种一叉起来就牵丝的动人画面，光是想像，就忍不住流口水了。

 这么装就对了

咖喱番茄酱→南瓜→土豆→红洋葱→胡萝卜→青豆仁→圣女果→白洋葱

咖喱番茄酱怎么做？

干料 咖喱粉 5 克，盐、粗粒白胡椒、白糖各少许

湿料 柠檬汁 15 毫升，番茄酱 30 克，黄芥末酱 5 克

做法
1. 将咖喱粉加入柠檬汁中化开、拌匀。
2. 再加入番茄酱、黄芥末酱、盐及白胡椒调匀。
3. 尝一下味道，再决定加盐或白糖。

温沙拉，又名佐餐沙拉（side salads），意思是它会和热食或主食一起出现在同一个餐盘里，不须特别冰镇后再吃！后来又衍伸为可加热食用的热沙拉，而这道咖喱番茄酱沙拉，若经过加热，其实就变成一道蔬菜咖喱了！

第三章
百分之百饱足 ·
一罐搞定一餐

20道异国风沙拉 ╳ 20款沙拉酱汁

有时候，午餐就是不想吃得太饱、太油腻！
带便当，看似简单，但有一个最重要的指导原则是必须营养均衡！
本章的"罐沙拉"要诀，是以"主食"为出发点，
除了大量的蔬果之外，也包含了各种淀粉和肉类，
像常见的美式经典凯撒沙拉、泰式青木瓜鸡肉沙拉，
少见的坎佩尼亚芥末坚果贝壳面、土耳其优格鸡肉菠菜沙拉，
就连韩式猪肉泡菜石锅饭、粤式咸蛋肉饼面疙瘩……
也都能装在玻璃罐里，成为"罐沙拉"的众多大明星之一。
融合"异国风"和"创意风"的改良式沙拉，
即便装在罐子里食用，也很优雅且时尚！

越式 葡萄柚海鲜河粉

使用器具：叉子、筷子

放置时间：1～2天

材料｜越南干米粉 40 克，墨鱼块 50 克，虾仁 30 克，甜豆 20 克，黄瓜 35 克，胡萝卜 15 克，洋葱、罗勒叶各少许，葡萄柚 60 克

做法

1. 将干米粉、墨鱼、虾仁、甜豆分别汆烫，放凉、沥干备用。
2. 黄瓜、胡萝卜、洋葱切丝备用；罗勒叶可切丝，或不切皆可。
3. 葡萄柚去掉瓣膜，只保留果肉。

 这么装就对了

30 克越式鱼露酱→米粉→甜豆→墨鱼→虾仁→洋葱丝→葡萄柚果肉→黄瓜丝→胡萝卜丝→花生碎粒→罗勒叶

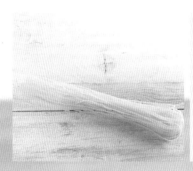

美味大变身

以台式粗米粉取代

越式干拌米粉所用的米粉比较粗，口感也比台式米粉（炊粉）滑嫩顺口，不像台式米粉那样容易把酱汁全部吸干。如果真的买不到越南干米粉，可用台式粗米粉代替，但煮好后必须用冰开水洗过，以免米粉马上发涨。

越式鱼露酱汁怎么做？

干料 蒜末、辣椒末各少许，白糖 5 克，花生碎粒 8 克

湿料 鱼露、柠檬汁各 15 毫升

做法

1. 将蒜末、白糖、鱼露、柠檬汁、冷开水一起拌匀。
2. 喜欢香脆口感的人，花生碎粒可不拌入酱汁，直接铺在沙拉最上层即可。

越式 葡萄柚海鲜河粉

传统的越式干拌米粉，
其蛋白质来源大多以鸡肉、猪肉或牛肉为主。
不过，酸酸甜甜的味道和海鲜也很搭，
毕竟酱汁中的核心——『鱼露』，
就是一款以鱼为原料并经过腌制发酵提炼的酱汁，
不论哪个季节食用，都很开胃！

传统的日式荞麦冷面吃法，
是将面条放在木制或竹制的方形器皿里，
而荞麦面汁则放于另外的被称为"荞麦猪口"的小杯之中，
再用筷子将一口分量的面条蘸着荞麦面汁吃。
不过，罐沙拉的食用方式是非常随兴的，
可以摇晃后分层食用，也能倒出来盛装在碗、盘内食用！

荞麦面沙拉

 使用器具:汤匙、叉子、筷子

放置时间: 1~2 天

材料 | 荞麦面 50 克,罐头玉米粒、胡萝卜各 25 克,蛋皮 1 张,葱 10 克,柴鱼片适量,寿司海苔 20 克

做法

1. 准备一锅热水,用大火将荞麦面煮到五六分熟,视个人偏好决定软硬度;再放入凉开水中,洗去黏稠感,沥干水分备用。

2. 将蛋皮煎后切丝;胡萝卜切丝;葱切成葱丝或葱花皆可;寿司海苔用剪刀剪成丝状(或用现成的袋装海苔丝亦可)。

 这么装就对了

30 克鲣鱼酱汁→荞麦冷面→玉米粒→胡萝卜丝→蛋皮→葱→柴鱼片→海苔丝

美味大变身
以魔芋面取代荞麦面

低热量、高纤维的魔芋面是取代粉丝的首选,而且由于它具有一定程度的 "Q" 劲和口感,就算长时间浸泡在酱汁里也不会吸附太多调味料,所以无论凉拌食用,或加热后再吃,都很适合。

酱汁怎么做?

干料 | 七味粉

湿料 | 鲣鱼酱油 15 毫升,萝卜泥 15 克,味淋 8 毫升,芥末适量

做法

1. 准备一只小锅,将鲣鱼酱油、味淋开水煮滚,这样味道会变得温和。

2. 酱汁放凉,再拌入萝卜泥、七味粉、芥末即可。

美式 **经典凯撒沙拉** 使用器具：汤匙、叉子、筷子

放置时间：1～2天

材料 生菜 15 克，冷藏土司 30 克，水煮鸡蛋 1 个，核桃 20 克，培根 25 克，帕马森起司少许

做法

1. 生菜洗净，切成 3 厘米块状；水煮鸡蛋切成厚片；培根切成 2 厘米块状，煎至焦脆。
2. 将冷藏土司双面涂上奶油，切成 2 厘米块状，放入烤箱以 150℃烤至硬脆即成面包丁（烤制期间要不时滚动、翻面，以免烤焦）。
3. 核桃掰成对半；帕马森起司磨碎备用（或以市售起司粉取代）。

 这么装就对了

25 克凯撒拉酱→生菜→水煮鸡蛋→培根块→面包丁→核桃→帕马森起司粉

美味大变身
将面包丁换成葱油饼

有些墨西哥餐馆可能偶尔会将面包丁换成玉米饼条（tortilla），但在台湾可以用葱油饼替代，掰成碎片或切成条状皆可。另外，喜欢呛辣口味的人，不妨用芥末蛋黄酱取代美奶滋，或加点鳀鱼酱，味道会更正统。

凯撒沙拉酱汁怎么做？

干料 黑胡椒粒、盐各适量

湿料 柠檬汁、蒜泥各适量，橄榄油 15 毫升，伍斯特酱、蛋黄酱各 5 克，鲜奶油 5 毫升

做法

1. 将所有湿料拌匀，可依个人口味增减调味料，并边加边搅拌，直到出现些许稠度。
2. 最后撒上黑胡椒粒、盐即可。

美式 经典凯撒沙拉

凯撒沙拉有三大主角：

生菜、面包丁、帕马森起司粉。

至于酱汁是清澈的橄榄油醋，还是浓稠的蛋黄酱，

其实各有特色，也都有忠诚的支持者。

肉食主义者，可以搭配烤鸡肉或炸鱼块，

相得益彰！

这是一道非常适合夏天食用的主食，想让青木瓜丝吃起来更入味的话，可以在刨丝后先抓捏一下，让它稍微变软，再拌入酱汁。除了可以水煮方式处理鸡肉丝，也能直接使用烤鸡或替换为牛肉片、猪绞肉、猪肉丝等。

泰式 青木瓜鸡肉沙拉

🍴 使用器具：叉子、筷子

放置时间：1~2 天

| 材料 | 泰式米粉、炸花生米、罗勒叶、小黄瓜各适量，鸡胸肉、青木瓜各 100 克，西红柿 20 克，四季豆 10 克，洋葱 25 克 |

做法

1. 鸡胸肉氽烫至熟，放凉后撕成细丝状；米粉焯烫后泡冷开水，沥干放凉备用。
2. 青木瓜去皮，刨丝并浸入冰水中，沥干；洋葱切丝，泡冰水、沥干。
3. 四季豆洗净，斜切成 4 厘米长段，焯烫 1 分钟，泡冰水、沥干；西红柿切成 4 瓣；小黄瓜切细丝。

 这么装就对了

30 克柠檬鱼露酱汁→米粉→鸡丝→凉拌青木瓜丝→四季豆→小黄瓜丝→西红柿→洋葱丝→炸花生米→罗勒叶

美味大变身

把米粉换成意大利天使面

天使面(capelli d'angelo)，是意大利面里最细的一种，因面条直径平均只有约 1.15 毫米，煮熟后，宛如天使的金色秀发般柔软灿亮，故又称为"天使发面(angel hair pasta)"。通常煮约 2 分钟便可捞起，用冰开水冲一下，再沥干水分就可以了。

柠檬鱼露酱汁怎么做？

干料　蒜头 2 克，辣椒 40 克，炸花生米 5 克

湿料　柠檬汁 8 毫升，鱼露 5 毫升，白糖 5 克

做法

1. 蒜头切末；辣椒切丝或切成细末皆可；炸花生米拍碎。
2. 准备一个搅拌用的碗，将蒜末、辣椒、炸花生米和湿料拌匀即可。

海南鸡糯米沙拉

使用器具：汤匙、叉子、筷子

放置时间：1～2天

材料 鸡腿肉 150 克，海南鸡酱、长糯米、米酒、盐、蒜末、苦菊、紫叶生菜各适量，葱段 10 克，姜片 3 克，红葱头 15 克

做法

1. 把鸡皮里面的一些鸡油割下来，放进热锅里头炸出油汁，备用。

2. 鸡腿肉先用米酒、盐与葱段、姜片腌 1 小时，再放进滚水汆去腥味及血水即可，不必全熟。

3. 用鸡油将蒜末与红葱头爆香；放进洗好的长糯米及海南鸡酱（海南鸡酱与米的分量为：15 克酱 +150 克米），拌炒，直到米粒颗颗分明，再铺上鸡腿，即可进饭锅里蒸熟。

4. 苦菊、紫叶生菜洗净备用。

 这么装就对了

海南鸡油饭→鸡腿肉→葱姜酱→苦菊→紫叶生菜

美味大变身

把长糯米换成糙米

糙米，日本称为玄米，比起白米或糯米，甜分较低，但含有丰富的 B 族维生素、维生素 E、维生素 K、膳食纤维等营养成分。蒸煮需要的时间久一点，如果怕鸡腿肉蒸得太柴，可晚一点再将鸡腿肉摆进去。

海南鸡葱姜酱怎么做？

干料 葱花 15 克，蒜末、红葱头各 8 克，盐、姜末各适量

湿料 橄榄油 15 毫升

做法

1. 锅中加入橄榄油，烧热。

2. 放入姜末、红葱头与蒜末爆香；加入盐调味，快速起锅后加入葱花即可。

到新加坡，除了喝肉骨茶，

另一个一定要"朝圣"的美食就是海南鸡饭。

这道海南鸡糯米沙拉，做法看起来有点复杂，

其实只是先把海南鸡饭做好，再分装到玻璃罐里而已。

关键食材是海南鸡酱，一般进口超市或网络代购，都可以找到。

关于凉拌三丝，到底有哪三丝？
其实完全依个人偏好而定！
实际一点的话，
就是看看冰箱里
有哪些素菜是可以切成细丝使用的，
像胡萝卜、木耳、包菜、
大白菜等都可以。

麻辣凉拌三丝

使用器具：叉子、筷子

放置时间：1~2天

材料｜新鲜绿豆凉粉皮适量，小黄瓜 40 克，绿豆芽 15 克，五香豆干 20 克，辣椒丝少许，葱 10 克，熟芝麻粒 4 克

做法｜
1. 新鲜绿豆凉粉皮切成丝，焯烫后沥干放凉。
2. 小黄瓜洗净，切丝；绿豆芽去头尾，焯烫后沥干放凉。
3. 五香豆干焯烫后切细丝；葱段切丝。

 这么装就对了

30 克麻辣酱汁→绿豆凉粉丝→豆芽→小黄瓜丝→五香豆干丝→辣椒丝→葱丝→熟芝麻粒

美味大变身
以凉粉块取代凉粉丝

到面店里常可吃到小黄瓜醋拌凉粉块；其实这种绿豆淀粉做成的粉块，也有凉粉皮的造型。这道台式沙拉就是用凉粉皮切丝做成的，如果买不到，将盒装的凉粉块切成长条也可以。

麻辣酱汁怎么做？

干料｜白糖 8 克，辣椒粉适量，蒜末、熟芝麻粒各 4 克

湿料｜淡色酱油 8 毫升，乌醋 15 毫升，芝麻油适量

做法｜
1. 将所有的材料搅拌均匀，盛盘，放上辣椒丝装饰即可。
2. 若家里只有一般酱油，可兑点水，减轻酱色和咸度。

印度 咖喱牛肉沙拉

使用器具: 汤匙、叉子、筷子

放置时间: 1～2 天

材料 土豆 20 克, 盐适量, 牛腩、咖喱酱各 100 克, 胡萝卜 50 克, 秋葵 15 克, 大蒜 5 克

做法

1. 制作金黄薯条: 土豆去皮或不去皮皆可, 切成粗条后入油锅小火炸至金黄, 捞起, 立刻撒点盐调味。
2. 咖喱牛肉: 将一半的胡萝卜切成块状; 大蒜去皮、拍碎; 牛腩先汆去血水, 再加入咖喱酱、土豆条、洋葱, 炖至熟透。
3. 新鲜蔬菜: 秋葵去蒂头, 焯烫后放凉; 另一半胡萝卜蒸熟, 切成长条状。

 这么装就对了

咖喱牛肉→金黄薯条＋秋葵＋胡萝卜, 以"插入"方式依序均匀排列。

美味大变身
黄金薯条改成炸红薯条

印度咖喱的最佳搭档是印度烤饼, 但这种烤饼在其他地方并不常见, 既然一开始就已经用黄金薯条取代了, 这时候若再改用炸红薯条, 或直接以烤红薯、蒸红薯代替, 也很棒。

印度咖喱酱怎么做?

干料 印度咖喱粉、西红柿丁各 15 克, 洋葱丁 60 克, 大蒜、姜末各 2 克

湿料 色拉油 10 毫升, 椰浆 5 毫升

做法

1. 将洋葱拌炒至焦糖化, 加入大蒜、姜末、印度咖喱粉、西红柿丁, 炒出香气。
2. 再加入椰浆、色拉油调味即可。

在美式料理中，炸薯条是很常见的主食。

这道菜虽是印度咖喱风味的，

但考虑罐沙拉的主食必须经得起酱汁的长时间浸润，

所以要选择体型粗一点、

咸香味较浓厚的炸薯条；

而蔬菜也要保留一部分，不放进咖喱酱中炖煮。

充满浓浓欧亚风情的奥斯曼土耳其帝国，
其饮食文化传承至今，仍是以各种香料料理著称。
这道菜以优格炖香料鸡肉，再铺上大量的优格菠菜沙拉而成。
鸡肉入锅前要先煎出香味，然后再细火慢炖。
因为是道功夫菜，建议一次多制作一些，再分次取用。

优格鸡肉菠菜沙拉

🍴 使用器具: 汤匙、叉子

放置时间: 1～2 天

材料 | 红扁豆、原味优格各30克,鸡胸肉50克,百里香、辣椒、洋葱、太白粉各适量,盐、蜂蜜、白胡椒粉各少许,嫩菠菜 40 克

做法 |
1. 优格炖香料鸡: 鸡胸肉用百里香、辣椒、洋葱、太白粉腌渍入味; 入锅香煎至两面微黄,加入优格、盐、蜂蜜、白胡椒粉,慢炖 1 小时。(本食谱是以 1 个人分量计算的)
2. 红扁豆放入电锅蒸熟备用; 可生食的嫩菠菜只取其叶片,洗净后擦干备用。

🫙 **这么装就对了**

优格炖香料鸡→菠菜→蒜盐优格酱→红扁豆

美味大变身

以红糯米取代红扁豆

红糯米是台湾阿美族的传统农作物,原本被称为红栗米,煮熟后色泽红艳,属香米的一种。红扁豆则是西式沙拉里常见的配料,又称为红肉豆、火镰扁豆、峨眉豆、紫花鹊豆等,是生机饮食里常见的谷类之一,煮熟后呈鹅黄色。

蒜盐优格酱怎么做?

干料 | 蒜盐 (带蒜味的盐) 适量

湿料 | 原味优格 15 毫升,蛋黄酱 5 克

做法 |
1. 将原味优格加入蛋黄酱、蒜盐, 拌匀即可。
2. 嗜酸的人,可以用酸奶油取代优格,口感会更浓郁。

黄瓜肉末沙拉

材料 | 大黄瓜 50 克，盐、白糖、蒜末、胡椒盐、红椒粉各适量，猪绞肉 30 克，薄荷叶 10 克，意大利辣椒面 100 克

做法
1. 将大黄瓜削皮对剖，去籽，切薄片后拌入盐，腌渍 10 分钟左右。
2. 用冷开水将大黄瓜片的盐分冲掉，挤干水分，加白糖、蒜末、拌匀备用。
3. 猪绞肉直接丢进不沾锅里，撒点胡椒盐拌炒至熟。
4. 将意大利辣椒面放入水中煮熟（可加入些许橄榄油和盐），沥干备用。

 这么装就对了

猪绞肉→意大利辣椒面→大黄瓜片→红椒粉→薄荷叶→香草优格酱

美味大变身
以菠菜面取代辣椒面

煮熟后的意大利菠菜面，很像褐藻面，只是味道没有褐藻面的呛，而颜色也没有辣椒面的漂亮。像菠菜面或辣椒面这种颜色鲜艳的意大利面条，在很多专售进口食物的超市或卖场都能找到。

香草优格酱怎么做？

干料 | 香芹叶、薄荷叶各 2 克

湿料 | 原味优格 25 毫升，蛋黄酱 5 克，鲜奶油 5 毫升

做法
1. 将香芹叶、薄荷叶切成细末（也可选择自己喜爱的其他香草叶）。
2. 将干料、湿料混合后搅拌均匀；鲜奶油或蛋黄酱可择一使用，不加也行！

这道希腊黄瓜肉末沙拉以辛香味较浓的香草优格为基底，

只加入少许白糖和蒜末提味；

至于肉末，则单独调味，而非直接加入黄瓜中拌匀；

再加上极富饱足感的辣椒面，

一层一层往下吃，风味全然不同。

这是一道用大量胡萝卜、洋葱、西芹熬煮的汤头，再加入智利红酒与美国牛肩肉炖煮而成的红酒牛肉，如果你用的是勃艮第红酒，那就是另一道法式料理了。

不过，自己在家做，其实不必那么讲究，因为如果配料都一样，酒香的差异其实不大。

智利 红酒牛肉佐薯泥

使用器具：汤匙、叉子、筷子

放置时间：1～2天

材料
- **红酒牛肉（4人份）**→牛肋条1000克，土豆250克，洋葱、胡萝卜、西红柿各100克，西芹20克，蘑菇50克，面粉、番茄糊各15克
- **土豆沙拉（4人份）**→土豆500克，奶油5克，奶粉、胡椒粉各适量，莴笋50克

做法
1. 将土豆、胡萝卜以滚刀方式切块；洋葱、西芹切成同等大小的片状。
2. 牛肋条汆去血水，然后与蔬菜及红酒酱汁，预先腌制8小时以上。
3. 将腌牛肋条炖煮1小时，然后加入番茄糊、西红柿丁、蘑菇丁，炖煮20分钟；起锅前5分钟再加入面粉煮至呈浓稠状即可。
4. 土豆蒸熟，加入奶油、奶粉、胡椒粉，捣成泥状；莴笋洗净、擦干。

 这么装就对了

红酒牛肉→莴笋→土豆沙拉

美味大变身
以花豆泥取代土豆泥

花豆在台湾常被用来制作甜点或甜汤；但在国外，却常被做成咸口味的料理。许多中南美洲国家，都把花豆泥当作馅料或主食，或做成豆泥蘸酱。

炖牛肉的红酒酱汁怎么做？

干料　香芹叶末5克，肉桂叶4克，大蒜6克

湿料　智利红葡萄酒750毫升

做法
1. 将香料粉与智利红酒调和均匀。
2. 香料粉的比例，依个人能接受的口味而定。

粤式 # 咸蛋肉饼面疙瘩

使用器具：汤匙、叉子、筷子

放置时间：1～2天

材料 | 面疙瘩、蒜末、姜末各适量，咸蛋黄半个，猪绞肉 150 克，蛋白 1 个，太白粉 5 克

做法
1. 准备一锅热开水，将面疙瘩下锅煮熟，捞起放凉。
2. 猪绞肉、蒜末、姜末、蛋白、太白粉混合，拌打至黏稠状，再填入罐子里。
3. 将咸蛋黄轻轻压进绞肉泥中，再将罐子放进电锅蒸熟（锅里罐外加入100 毫升水）。

 这么装就对了

咸蛋肉饼→面疙瘩

美味大变身
以干面条取代

市场上较难买到新鲜的面疙瘩，如果嫌自己动手做太麻烦，可以用宽版的家常面或手打拉面、干面条取代，替代前题是须选择有嚼劲的面条，才不会因长时间泡在咸蛋肉饼的肉汁里而发涨、软烂。

肉酱调味汁怎么做?

干料 | 香菇粉 1 克，盐、白糖、姜末、白胡椒粉各适量，蒜末 2 克，洋葱丁 15 克

湿料 | 酱油 8 毫升，米酒 2 毫升，芝麻油适量

做法
1. 不喜欢吃到姜末和蒜末的人，可以将其打成泥状，再拌入调味料。
2. 将干料和湿料拌匀，就是绞肉的基本调味酱了。

咸蛋肉饼的口味偏重，是很多便当菜的常见主角，
虽然和台式瓜仔肉一样都是将调好味道的绞肉直接蒸煮，
但口感会比台式瓜仔肉硬一些。
如果要做成罐沙拉，需准备一个耐高温的玻璃罐，
再将猪绞肉直接填进罐子里去蒸。

这是一道不用石锅，可以当作热沙拉，
又可当作冷沙拉食用的创意罐沙拉。
对于石锅拌饭（bibimnba），在韩文中"bibimn"是"混合"的
意思，"ba"是"米饭"，所以"bibimnba"便是"拌饭"的意思。
因为锅粑冷掉会变得很硬，所以也可用锅粑饼代替。

韩式 猪肉泡菜石锅饭

🍴 使用器具:汤匙、叉子、筷子

放置时间:2 ~ 3 天

材料 │ 猪五花肉、胡萝卜丝各 30 克,韩式泡菜 100 克,白饭 80 克,芝麻油适量,新鲜香菇、黄豆芽、葱花各 15 克,白芝麻 5 克,海苔丝少许

做法
1. 新鲜香菇切片后烤至两面上色;胡萝卜焯烫后切细丝;黄豆芽洗净、焯烫备用。
2. 热锅,将猪五花肉煎至两面略白,加入韩式泡菜炒熟、收汁。
3. 石锅加热(或用蓄热性较好的铸铁锅、不沾锅),抹上芝麻油,倒入饭后先不搅动,持续加热至出现锅粑香味,翻面再煎烙。

 这么装就对了

锅粑→泡菜猪五花肉→香菇→胡萝卜丝→黄豆芽→白芝麻→海苔丝→葱花

美味大变身
改成韩式烤年糕

担心麻油锅粑的热量可能太高的话,那就用韩式烤年糕代替吧!烤箱温度设定在 170℃,将其烤至两面上色;或直接放入不沾锅里,以不放油的方式,烤至两面略微上色、飘出年糕香气即可。

9 小时快腌韩式泡菜怎么做?

干料 大白菜 50 克,韩国辣椒粉 30 克,韭菜花 20 克,盐适量

湿料 鱼露或鲣鱼昆布汁 5 毫升

做法
1. 大白菜切块,用盐抓腌 1 小时,挤干水分,备用;韭菜花切小段。
2. 将大白菜与辣椒粉、鱼露或鲣鱼昆布汁等酱料混合、拌匀,装入密封罐腌渍 1 晚,第二天就可以开封享用了。

首尔 # 炙烤牛肉冷面沙拉

使用器具：叉子、筷子

放置时间：**1～2天**

材料 | 韩国荞麦面50克,水梨25克,小黄瓜30克,胡萝卜、葱花各适量,水煮蛋半个,用酱油腌渍过的牛里脊肉片40克

做法
1. 水煮韩式荞麦面,捞起后用冷开水冲净,让面条降温,同时也洗去面条外面的黏腻感。
2. 腌牛里脊肉片用铁盘或不沾锅炙煎至两面熟透、上色。
3. 水梨、小黄瓜、胡萝卜切丝备用;水煮蛋切对半。

 这么装就对了

牛骨冷汤→荞麦冷面→小黄瓜丝→胡萝卜丝→水梨丝→牛肉片→水煮蛋→葱花

美味大变身
以宽粉丝取代

买不到韩式荞麦面的话,用宽粉丝替代也可以。但不能煮得太软,煮熟后,一样要用冰开水冲一下,避免粉芯继续升温,导致粉丝开始发涨,变得很不滑"Q"!

韩式牛骨冷汤怎么做?

干料 | 韩国牛肉粉1克,白糖适量

湿料 | 牛骨高汤150毫升,韩国酱油5毫升,韩国黑醋1毫升

做法 | 牛骨高汤加入白糖、韩国酱油、韩国黑醋及韩国牛肉粉调味即可,至于酱油和黑醋比例,可依个人偏好而定,有人用5:1,有人用6:1;切记,只用酱油和白糖来调整冷汤的咸淡。

最有名的韩式冷面，以平壤的汤冷面与咸兴的拌冷面最有名。
这道炙烤牛肉冷面沙拉，面条的比例只占罐身的 1/3，
想要多摄取蔬果的人，可以多放点水梨丝、小黄瓜丝或胡萝卜丝。
牛里脊片的厚度、切法，则视个人偏好而定。

麻酱鸡丝四色沙拉

材料　鸡里脊肉 100 克，姜片 3 克，米酒 2 毫升，盐、白胡椒粉各适量，油面 50 克，蛋皮半片，绿豆芽 15 克，胡萝卜 25 克，小黄瓜 20 克，白芝麻 2 克

做法
1. 鸡里脊肉连同姜片、米酒、盐及白胡椒粉稍微腌渍一下，再放进电锅中蒸熟，取出放凉，撕成细丝备用。
2. 蛋皮、胡萝卜、小黄瓜切细丝；绿豆芽烫熟，沥干备用。

 这么装就对了

油面→绿豆芽→小黄瓜丝→胡萝卜丝→蛋丝→鸡肉丝→白芝麻→川式麻酱酱汁

美味大变身
以乌龙面取代油面

弹牙有劲的乌龙面面条，其基本材料只有盐、中筋面粉和水，之所以会有"Q劲"，完全是靠手打、杆压出来的。由于面条本身不含油，所以非常能吸附酱汁，搭配川式麻酱，一点也不突兀，反而更适合装罐享用。

川式麻酱酱汁怎么做？

 干料　白糖、蒜头各 2 克

 湿料　白芝麻酱 15 克，酱油、乌醋各 10 毫升，四川辣油 5 毫升

做法
1. 蒜头剁成细末（蒜泥亦可）。
2. 将热开水注入白芝麻酱中调匀。
3. 依序将所有调味料拌匀，最后放入蒜末即可。

川味 麻酱鸡丝四色沙拉

白色鸡肉、红色胡萝卜、绿色小黄瓜、黄色蛋丝，是川味麻酱凉面的『四大天王』。很多亚洲国家都有使用麻酱入菜的习惯，而川式麻酱与众不同之处就是多了一味『辣油』，以红色干辣椒突显辣味，再搭配花椒的独特香气。如果不怕麻烦的话，可以试着自制辣油。

海鲜饭佐沙拉

材料

海鲜炖饭（4 人份）→藏红花少许，西班牙白米 500 克，蛤蜊 20 克，虾 40 克，鱿鱼圈 25 克，油渍西红柿 100 克，罗勒叶、香芹、匈牙利红椒粉各适量，海鲜高汤 500 毫升，蒜末 5 克，洋葱丁 30 克，红葱头片 4 克，橄榄油 10 毫升

生菜沙拉（1 人份）→柠檬 25 克，青椒、黄椒、红椒各 20 克，圣女果 10 克

做法

1. 锅内放入橄榄油，爆香蒜末、红葱头片及洋葱丁。

2. 加入匈牙利红椒粉、鱿鱼圈、蛤蜊、虾，翻炒至 8 分熟，取出海鲜料，备用。

3. 加入压成泥的油渍西红柿续炒，这时可将西班牙白米均匀地撒入锅中，并倒入 3/4 的海鲜高汤，再撒上藏红花，继续加热。

4. 以中小火慢慢煮，米粒不可以翻炒，也不用加盖，只要不时地摇晃锅，让食材动一动，视情况增减海鲜高汤的分量。

5. 等米快熟的时候火开大一些，让底部有点锅粑，最后再撒上香芹、罗勒叶、柠檬汁即可。

6. 青椒、黄椒、红椒切成丝状；圣女果切对半，撒点盐调味即可。

 这么装就对了

海鲜炖饭→青椒丝→红椒丝→黄椒丝→圣女果→罗勒叶

美味大变身

以短米取代西班牙白米

如果使用台湾米，要选米粒圆胖、耐煮的短米，如蓬莱米、粳稻等，炖煮时水要少一点、时间短一点，否则很容易变成一锅稀饭。

海鲜高汤怎么做?

干料

蒜末 5 克，月桂叶 10 克，藏红花少许

湿料

高汤 1000 毫升

做法

1. 准备一个锅，放入高汤、蒜末、月桂叶及藏红花。

2. 煮滚后转小火，再煮 5 分钟即可。

道地的西班牙炖饭（paella），

其实是用西班牙白米制作的，

但也可以用价格实惠、

口感又类似的泰国米来做这道饭沙拉，

味道也很棒。

有两个前题要特别注意，

一是米务必吸饱汤汁才会变得鲜甜，

二是米不能洗，

洗了会影响口感，

而且无法粒粒分明。

意大利通心面（macaroni）的普及度较高，最好的料理方式是将其以炒、煮的方式做成食物；特别适合和番茄酱、橄榄油、肉酱、海鲜等食材搭配。

西西里 核桃红薯通心面

使用器具：汤匙、叉子

放置时间：2～3天

材料 | 红薯 400 克，水煮鸡蛋半个，核桃 20 克，通心面、新鲜罗勒叶、披萨起司各适量

做法
1. 通心面煮熟，取出沥干，撒点披萨起司粉，放凉备用。
2. 红薯不去皮，和鸡蛋一起蒸熟；将蒸熟的红薯切成 2 厘米小段。
3. 将水煮蛋剥壳并对切成两半；把酸豆柠檬汁和蒸熟的红薯轻轻拌匀。
4. 放上水煮蛋，再撒上烤好的核桃即可。

 这么装就对了

通心面→红薯→水煮蛋→核桃→披萨起司→罗勒叶

美味大变身
以螺旋面取代通心面

螺旋面适合较浓稠的酱汁，这道沙拉是以红薯为主角，酱汁不是很多，建议起锅时可额外再拌点橄榄油和盐调味。吃的时候，可将玻璃罐事先充分摇晃均匀，再用汤匙或叉子进食。

酸豆柠檬汁怎么做？

干料 | 酸豆、香芹各 2 克，海盐、现磨黑胡椒各适量

湿料 | 柠檬汁 5 毫升，初榨橄榄油 8 毫升

做法
1. 酸豆切丁；香芹切细末。
2. 拌入其他的干料、湿料，简单调味即可。

广式 # 西芹腰果鸡丁河粉

使用器具: 汤匙、叉子、筷子

放置时间: 2～4天

材料
鸡胸肉150克, 酱油2毫升, 色拉油30毫升, 奶油25克, 腰果、芹菜各20克, 蒜末2克, 姜丝、辣椒丝、太白粉、鸡粉、五香粉、米酒、葱花、河粉各适量

做法
1. 鸡胸肉切丁, 用太白粉、酱油抓腌一会儿; 起油锅, 将鸡丁快炒至六分熟, 捞出沥油。
2. 用锅底余油爆香姜丝、蒜末、辣椒丝; 放入切成小段的芹菜、鸡丁、鸡粉、五香粉、米酒, 炒至鸡丁熟透、上色, 起锅前撒点葱花。
3. 将河粉用酱汁炒熟备用。

🫙 **这么装就对了**

炒河粉→鸡丁→芹菜→腰果

美味大变身
以美浓板条取代广式河粉

客家板条是用籼米跟红薯粉调制而成, 其中美浓板条又以口感厚实著称, 适合做成干拌料理或烹煮成汤面。想吃清爽口感的人, 晚一点再丢河粉下去, 快炒几下, 即可起锅。

炒河粉酱汁怎么做?

干料
豆芽、红葱头

湿料
酱油、芝麻油各适量

做法
1. 起油锅, 爆香红葱头。
2. 加入酱油、冷水煮滚, 再放入豆芽炒至其入味即可。

广式 西芹腰果鸡丁河粉

这是一道非常适合下饭的菜式，可做成温沙拉食用。虽然翻炒时是将全部材料炒成一锅，但在装罐时，可以按食材分层叠放。喜欢芹菜味道的人，可以再多加一点。

葡萄柚、柠檬、罗勒是这道沙拉的主要香气来源。

米豆只是配角，可直接煮熟后食用，

或加入沙拉、五谷饭中，做成各种中、西式料理。

鲷鱼也可以替换成多利鱼，

拍点面粉再煎，肉质比较不会变柴。

香煎鱼肉佐米豆沙拉

🥄🍴🥢 **使用器具:汤匙、叉子、筷子**

放置时间:1~2天

材料 │ 米豆、胡椒粉各适量,台湾鲷鱼200克,色拉油5毫升,洋葱25克,生菜、红叶生菜各20克,杏仁果15克

做法
1. 米豆泡软,再用电锅蒸熟;洋葱切丝,浸泡冷水以去除辛辣味,捞起沥干备用。
2. 生菜叶洗净切丝;红叶生菜用手撕成可入罐的大小。
3. 台湾鲷鱼抹点胡椒粉,入油锅煎至两面金黄,用手掰成数块即可。

 这么装就对了

西柚塔香酱汁→洋葱丝→米豆→鲷鱼肉→生菜→红叶生菜→杏仁果

美味大变身
以有机黄豆和薏仁代替米豆

黄豆在日常生活中的应用相当广泛,可以煮汤、炒菜,也可以当作主食。它还是很好的优质蛋白质的来源,与同等蛋白质分量的瘦肉、牛奶和鸡蛋相比,其营养价值不相上下,故有"植物肉"的美称。

西柚塔香酱汁怎么做?

干料 │ 大蒜2克,盐、洋葱1克,罗勒少许

湿料 │ 葡萄柚汁30毫升,柠檬汁、橄榄油各8毫升,白酒醋15毫升

做法
1. 罗勒、大蒜、洋葱切成同等大小的细末。
2. 将全部材料拌匀,即为西柚塔香酱汁。

通常白味噌乌龙面多半做成热汤面食用，
若做成冷面，则以白味噌为蘸酱，
以"沾面"的方式，将乌龙面浸入酱汁，裹上浓浓的白味噌后大口品尝。
建议三岛香松可以等到开罐后，要食用之前再撒上，香气会更层次分明。

京都 白味噌乌龙面沙拉

使用器具：叉子、筷子

放置时间：1～2天

材料 乌龙面适量，龙须菜、山药各30克，鲜虾25克，三岛香松适量

做法
1. 乌龙面氽烫，再用冰开水洗去面粉的黏稠感，沥干备用。
2. 龙须菜烫熟，同样先浸过冰开水，以保鲜绿。
3. 山药切成细丝；鲜虾去壳，煎熟备用。

 这么装就对了

白味噌酱→乌龙面→龙须菜→山药丝→三岛香松→虾仁

美味大变身
以魔芋条取代乌龙面

想要买到百分之百的顶级魔芋，在市面上并不容易，大部分的魔芋制品都是以魔芋粉（甘露糖醇）为主原料，再加入各类添加物合成的天然聚合物。由于魔芋不易吸附酱汁，再加上本身有股独特的气味，建议可以连同味噌酱汁一起煮过。

白味噌酱汁怎么做？

干料 姜1克，熟白芝麻2克

湿料 白味噌、味淋各15毫升，芝麻油适量

做法
1. 姜切成细末，或磨成姜泥。
2. 加入白味噌、味淋、芝麻油、熟白芝麻，搅拌均匀即可。

芥末坚果贝壳面

材料　贝壳面 75 克，生菜、圣女果各 20 克，莴笋 40 克，紫包菜、帕玛森干酪粉各适量，新鲜玉米粒 30 克，盐 5 克

做法
1. 锅中加水煮滚，加入盐、贝壳面，将面煮熟。
2. 圣女果对半切开；生菜、莴笋用手撕成大块的片状。
3. 紫包菜切丝；新鲜玉米粒蒸熟。
4. 将芥末坚果油醋分成 2 份，一份拌入贝壳面，另一份淋在生菜沙拉上。

 这么装就对了

芥末坚果油醋→贝壳面→圣女果→紫包菜丝→新鲜玉米粒→生菜→莴笋→芥末坚果油醋→帕玛森干酪粉

美味大变身

以蝴蝶面取代贝壳面

蝴蝶面（farfalle）在意大利文里面就是"蝴蝶"的意思，又称为"蝴蝶结"意大利面。蝴蝶面起源于 16 世纪意大利北部的伦巴底与艾米里亚罗马涅地区，是温沙拉料理中的老面孔之一。

芥末坚果油醋怎么做？

干料　盐、白胡椒粒各少许，核桃、南瓜子各适量

湿料　橄榄油 15 毫升，水果醋 8 毫升，芥末籽酱 2 克，味淋 2 毫升

做法
1. 将橄榄油分次少量加入芥末籽酱中拌匀，再加入水果醋、味淋、盐及白胡椒粒调匀。
2. 将核桃、南瓜子敲碎，拌入做法 1 的油醋里。

坎佩尼亚（Campania），是意大利著名古城之一，
也是意大利面及披萨的发源地和集散地。
这道芥末坚果贝壳面是以芥末坚果油醋酱调制而成，
再搭配撒了帕玛森干酪的生菜沙拉，味道更为和谐。

第四章
百分之百纾压·

一罐满满甜蜜

什锦水果沙拉·罐装果汁·罐装甜品

以优酪乳、水果泥、炼乳或优格当作调味汁，
再加入喜爱的水果，就是一罐色彩缤纷的什锦水果沙拉。
每天必定来上一杯综合果汁的养生族，
不妨在果汁里加入一些新鲜水果，
既可喝到果汁又可以吃到水果，一举两得。
或者，把饭后甜点装入透明的玻璃罐里，
既可严格控制每次食用的分量，在视觉上也是另种时尚盛宴。

柠檬汁什锦水果罐

使用器具：**汤匙、叉子、吸管**

放置时间：**1～2天**

材料

主食材: 苹果、圣女果、橙子各 25 克, 火龙果 50 克, 猕猴桃 40 克
柠檬汁: 盐 1 克, 柠檬汁 15 毫升

做法

1. 将所有水果洗净、去皮；若为有机苹果，可保留果皮。
2. 将所有水果切成同等大小（约 2 厘米）的块状。
3. 柠檬汁中拌入盐，简单搅拌一下即可。
4. 如果想要柠檬的香气再多一点，可以刮点柠檬皮加入柠檬汁中。

 这么装就对了

15 毫升柠檬汁→苹果丁→西红柿丁→橙子→火龙果→猕猴桃

水果罐
变奏曲

重口味柠檬淋酱
上下左右摇晃一下瓶身，让柠檬汁充分沾裹在果肉上，可以用叉子或汤匙进食。

轻爽版柠檬果汁
加入更多的开水，可视情况加一点蜂蜜或果糖，吃完果肉后再喝柠檬汁。

就爱大口大口吸
同样采用柠檬果汁的做法，但水果丁要切得更小一点，才能用粗口径的吸管进食。

制作什锦水果罐时，先不要设定水果种类，建议从冰箱里现成的水果，或市场里目前正值产季、价格相对实惠的品种开始。诀窍在于，把容易变色、质地较硬的水果丁放在最下层，直接泡在柠檬汁里，比较不易被氧化。

办家宴时，饭后来一罐系上缎带的草莓气泡冻饮，绝对是宾主尽欢的最佳秘密武器；除了草莓之外，像葡萄、猕猴桃、蓝莓、菠萝等香气强烈或带点微酸味道的水果，也非常适合做成气泡冻饮。

水果冻饮
变奏曲

草莓气泡冻饮
先喝一口气泡水, 等吃完魔芋果冻、草莓, 冰块也融得差不多了, 再一口喝掉。

巨无霸草莓果冻
柠檬水中加入明胶、寒天粉或洋菜, 再倒入水果罐里, 放入冰箱冷藏。

草莓魔芋冰沙
将柠檬汁冰砖打成碎冰, 再放入罐内; 每层食材中间都要铺上一层柠檬冰沙。

草莓气泡冻饮

🍴 **使用器具:** 叉子、吸管

放置时间: 1~2 天

材料

主食材: 草莓 50 克, 魔芋果冻 30 克, 薄荷叶 15 克
柠檬气泡水: 气泡水 100 毫升, 柠檬汁、蜂蜜各适量

做法

1. 草莓去蒂、对半切开; 如果是大颗的草莓, 可切成片状。
2. 将市售魔芋果冻 (优格、荔枝、水蜜桃、葡萄等口味的皆可) 切成 1 厘米的小丁。
3. 柠檬汁与开水的比例为 1 : 10, 放入制冰盒, 制成柠檬汁冰砖。
4. 薄荷叶切碎, 备用。
5. 放入草莓、蜂蜜 (或果糖)、魔芋果冻、柠檬汁冰砖, 再撒点薄荷叶, 最后浇入气泡水即可。

 这么装就对了

魔芋果冻→柠檬汁冰砖→草莓→蜂蜜→薄荷叶→气泡水

香蕉富含钾、维生素 B₆，可以增加免疫力，而菠萝的维生素 C 含量也非常丰富，再加上火龙果，除了当作午茶甜点，也可以当作早餐，对容易便秘的人来说，是非常好的甜点选择。

水果优格
变奏曲

菠萝优格
可以用汤匙直接压碎菠萝果肉，让黄色的果肉来点缀白色优格。

苹果优格
将苹果打成果泥，拌入优格，可加点肉桂粉、白糖调味。

猕猴桃优格
将猕猴桃去皮、剁成泥状，或用汤匙压成果泥，保留一些猕猴桃果肉，口感更棒。

香蕉优格水果罐

使用器具: 汤匙、叉子

放置时间: 1～2 天

材料

主食材: 新鲜菠萝 150 克，苹果 25 克，红色火龙果 200 克
香蕉优格: 香蕉 50 克，原味优格 100 毫升，蜂蜜 5 克

做法

1. 菠萝、红色火龙果和苹果切成大小一致、均匀的小丁。
2. 将香蕉打成果泥，再将香蕉泥拌进优格里，加入蜂蜜，搅拌均匀制成优格酱。

 这么装就对了

香蕉优格→菠萝→苹果→红色火龙果

木瓜中的木瓜酵素，能帮助人体分解肉类蛋白质，饭后吃少量的木瓜，对肠胃道的保健颇有助益，尤其是不得不『大吃大喝』时，不妨在餐后或第二天来份木瓜优格。

此外，木瓜中的维生素 C、维生素 K 和 β 胡萝卜素，都是很好的抗氧化成分，适合容易感到疲累的人食用。

木瓜优格
变奏曲

原味碎米香
将米香掰碎，或者直接购买本身就是粒粒分明的碎米香，可取代谷片。

奶油爆米花
大卖场或部分超市里，都可以买到这种裹上厚厚奶油焦糖的爆米花。

干燥水果干
若想使用低温真空干燥、香甜清脆可口的水果干，必须掰得小块一点。

木瓜黄金优格

使用器具: 汤匙、叉子

放置时间: 1～2 天

材料

主食材: 木瓜 200 克，金色葡萄干适量、综合谷片 4 大匙
原味优格: 低脂优格或调味优格皆可

做法

1. 木瓜去籽、去皮，切成丁状。
2. 当作底层的谷片，必须铺厚一点，约 30 克，其余每层各 15 克。
3. 市售优格通常会比较"水"一点，可用滤布沥干 8 小时以上，口感会较扎实。

 这么装就对了

谷片→优格→木瓜→谷片→优格→木瓜→谷片→葡萄干

综合水果饮

 使用器具: 汤匙、叉子、吸管

放置时间: 1～2 天

材料

主食材: 西红柿 300 克, 葡萄 30 克, 橙子 50 克
柠檬水: 柠檬 40 克

做法

1. 将柠檬、橙子切成圆片状或半圆形片状; 葡萄、西红柿洗净备用。
2. 制作柠檬水时, 须将柠檬用硬毛刷彻底洗净, 再切成对半, 若想在罐里看到漂浮的柠檬片, 就将其切片; 若不想让柠檬片干扰罐子里的水果配色, 可直接榨汁, 酸度则依个人口味而定。

这么装就对了

橙子片→葡萄→西红柿→柠檬片→冰开水

柠檬汁变奏曲

蜜渍柠檬片
将冷冻过 2 小时的柠檬片, 放入密闭容器中并淋上蜂蜜, 加开水至淹过柠檬片, 冷藏后使用。

柠檬果肉
像剥柚子或橘子一样, 只使用柠檬果肉部分, 可以减少柠檬水的果皮涩味, 酸度也会降低。

绿色果皮
用磨姜板轻轻刮擦柠檬皮, 注意轻轻刮取绿色部分, 让柠檬水漂浮着淡淡的绿色小点点。

近两年，随身携带一瓶即榨即喝的柠檬水，蔚为潮流。
单纯以柠檬调味的水饮料，其实起源于 17 世纪的法国巴黎。
想让自己的柠檬水随身瓶看起来更缤纷夺目吗？
不妨在罐子里装入各种当季水果，水果要切成适合入口的大小。

想要打出美味的水果冰沙，水果丁、冰块、开水的完美比例是 5：5：1。当然因为水果本身的含水量不同，再加上有些食物调理机是可以完全不加水搅打的，所以还是要视情况自行酌量。

114

双色冰沙
变奏曲

果泥夹心

在猕猴桃冰沙和菠萝冰沙中间,间隔一层解冻过的猕猴桃片。

菠萝果肉

以菠萝果肉铺至1/3高度,其余则以猕猴桃冰沙填充至满罐。

猕猴桃果肉

以猕猴桃果肉铺至1/3高度,其余则以菠萝冰沙填充至满罐。

好 C 力双色冰沙

使用器具:汤匙、吸管

放置时间:1小时

材料

主食材: 猕猴桃 80 克,菠萝 250 克,冰块适量
装饰食材: 猕猴桃果肉或菠萝果肉

做法

1. 将猕猴桃、菠萝去皮,切碎。
2. 两种果肉中分别加入适量冰块,再直接用食物调理机或搅拌机打成冰沙状。
3. 分层装入罐内;最上层可以猕猴桃果肉或菠萝果肉作装饰。

 这么装就对了

猕猴桃冰沙→菠萝冰沙

桑葚莓果雪酪

 使用器具: 汤匙、吸管

放置时间: 1 小时

材料

主食材: 桑葚 300 克, 红糖 15 克
装饰食材: 桑葚 15 克

做法

1. 桑葚洗净、沥干, 直接放入冷冻室冷冻至完全硬化。
2. 取出桑葚, 直接放入食物调理机或用搅拌机打成雪酪状。
3. 取出桑葚雪酪, 装入罐内, 最上层以新鲜桑葚装饰即可。

这么装就对了

桑葚雪酪→新鲜桑葚

桑葚吃法
变奏曲

一半新鲜桑葚
如果桑葚的甜度够高, 或者
能接受较高酸度的人, 不妨
保留一半直接食用。

洒点蔓越莓果干
微甜、颇有嚼感的蔓越莓,
其实也和桑葚雪酪十分速
配, 可直接拌入混合。

淋上优格
淋上优格的桑葚优酪, 口感
会更温和, 微酸中散发些许
的奶香, 堪称绝配。

第四章 ▷ 百分之百纾压·一罐满满甜蜜

《本草纲目》描述桑葚具有养肝明目、防早白发、提神解劳、及补血补气的功效，它的矿物质如铁、钙、磷、钾及维生素 C 含量，都在蔬果排行榜上前八名之列，而且含有胡萝卜素及维生素 A，有抗氧化作用。

试着把水果当作办公室的下午茶小点心吧！

只是这一次我们不放在保鲜盒里，

而是以罐装方式随兴叠放。制作时尽量选不易碰伤的水果品

种，才能安心享受每一口都是不同水果的新奇口感！

每次拿在手里，都像捧着盛满水果宝石的珠宝盒一样漂亮！

水果珠宝
变奏曲

撒点蔓越莓干
取出蔓越莓干,每装到 1/3 罐身高度时,就撒一些在上面,并轻轻摇晃一下瓶身。

撒点粗粒砂糖
准备颗粒感稍微大一点的未漂白红糖(约 8 克),直接撒在水果上。

撒点锉冰
担心以水果的甜度若再撒入砂糖会增加糖分的摄取量?那就以锉冰来代替吧!

水果珠宝盒

🍴 **使用器具: 汤匙、叉子**

放置时间: 4 ～ 7 天

材料

主食材: 红葡萄、白葡萄、新鲜蔓越莓各 30 克,橘子 25 克
装饰食材: 薄荷叶 15 克

做法

1.将红葡萄、白葡萄、新鲜蔓越莓分别洗净,晾干或擦干后备用。
2.橘子要选小颗一点的,剥掉橘子皮和橘络(一丝一丝白色的纤维),拆成一瓣一瓣的,备用。
3.装入罐内时,质地硬一点的水果尽量放在下层。

 这么装就对了

红葡萄→白葡萄→橘子→新鲜蔓越莓

千层水果冻

🍴 **使用器具：**汤匙、叉子、餐刀

放置时间：4 ~ 7 天

材料

主食材：草莓 20 克，猕猴桃 40 克，苹果 25 克，香蕉 50 克，橙子片 15 克
果冻食材：白糖少许，洋菜粉适量

做法

1. 准备一个罐口与罐底同宽或再宽一点的罐子。
2. 将全部水果洗净、切成 1 厘米厚的片状。
3. 洋菜粉泡冷水（洋菜粉与水的比例约为 1 : 100）软化，放入热水中煮滚、熔化，放至微温。
4. 将水果片一层一层摆排，每种水果之间都以猕猴桃区隔。
5. 淋上微温的洋菜水，放凉后冷藏。

 这么装就对了

橙子片→猕猴桃→苹果→猕猴桃→香蕉→猕猴桃→草莓

果冻口感
变奏曲

一层一层吃
建议以叉子进食，可吃到不同层次、完全不混味的新鲜水果美味。

戳碎了再吃
先用叉子将罐子里的水果冻戳碎，搅拌一下，让每种水果都均匀混和。

取出后切片吃
取果冻时，可用热水浇一下瓶身，再用薄一点的刀沿着果冻边缘轻插至瓶底。

即便是一层一层排放整齐的水果，
也会担心当自己拿叉子食用时，
可能出现水果丁"山崩"或"土石流"的情况。
如果你是属于这种完美主义者，
不妨试着在排列好的水果罐里，
加入明胶之类的果冻液，放凉、冰镇后就行了！

苹果菠萝雪露

材料

主食材: 苹果 100 克,菠萝 150 克

雪露食材: 牛奶 50 毫升,冰块适量,新鲜薄荷叶 10 克

做法

1. 苹果、菠萝切成小块,入冷冻库冷冻;新鲜薄荷叶洗净,擦干备用。

2. 取出苹果冻、菠萝冻,加入新鲜薄荷叶、牛奶和冰块,打成雪露。

 这么装就对了

直接将雪露倒入罐内,最后用薄荷叶作装饰。

华丽雪露
变奏曲

保留菠萝果冰
制作雪露时,留下一半菠萝冰,待雪露打好,再放下去搅拌一下。

加入猕猴桃果冰
如果家里冰箱刚好有快过赏味期的猕猴桃,可将其切丁,结冻后铺在罐底。

保留苹果冰
制作雪露时,留下一半苹果冰,待雪露打好,再放下去搅拌一下。

炎炎夏日里，来一杯清凉又能解热、醒脑的养生冰品，最棒了！苹果和菠萝，两者本来就是绝配，再加上薄荷能疏散风热、清头目、利咽喉、疏肝解郁，饭后喝上一罐，对肠胃保健、缓解压力、抚平情绪等方面很有帮助。

印象中的甜八宝，大多以桂圆、莲子、薏仁、花生、红枣、红豆、绿豆、糯米熬成浓粥，这道甜品比较类似『八宝冰』的配料，差别只在于没有碎冰相伴。八种配料可随个人喜好任意替换。

甜八宝
变奏曲

以红豆汤当作底层
将花生汤替换为红豆汤,而花生只取其颗粒,两种吃法,经典美味各具特色!

以绿豆汤当作底层
将花生汤替换为绿豆汤,而花生只取其颗粒,煮绿豆汤时,避免熬得太过软烂。

底层改成烧仙草
不想用花生汤当底层时,可以购买现成的烧仙草,将其放凉后就会结成果冻状。

旧情绵绵甜八宝

🍴 使用器具: **汤匙、叉子**

放置时间: **2 ~ 3 天**

材料

主食材: 红豆、绿豆、仙草冻、花豆、粉圆、薏仁各 30 克,芋圆、红薯粉圆各 15 克

花生汤: 花生、白糖各适量

做法

1. 将红豆、绿豆、花豆、薏仁、芋圆、粉圆、红薯粉圆分别煮熟,沥干、放凉;仙草冻切成 2 厘米左右的块状。

2. 将花生用水浸泡一晚,剥去花生膜,再对半拨开,放入冷冻库冰镇一晚;把冻好的花生仁加入 1.5 倍的水,以小火煮 20 ~ 30 分钟,加入白糖调味,放凉备用。

 这么装就对了

仙草冻→50 毫升花生汤(含花生仁)→粉圆→绿豆→红豆→薏仁→芋圆→红薯粉圆→花豆

蓝莓核桃奶油乳酪

🍴 **使用器具:** 汤匙、叉子

放置时间: 1～2 天

材料

主食材: 核桃 20 克,蓝莓 30 克,橘子 40 克,希腊酸奶 90 克,枫糖浆 5 克
奶油乳酪: 奶油乳酪 50 克,白糖、柠檬汁各少许,鲜奶油 75 克

做法

1. 核桃用烤箱微烤至上色,掰成对半;橘子去膜,取出果肉。
2. 将奶油乳酪放置室温,使其稍微软化,再拌入白糖、柠檬汁,用打蛋器或电动搅拌棒,打成乳霜状。
3. 将鲜奶油打至硬性发泡(或使用市售罐装、可直接按压出花型的鲜奶油罐)。
4. 将食材交错层叠,以一层奶泡、一层固体食材的方式来装罐。

 这么装就对了

希腊酸奶→橘子果肉→蓝莓→奶油乳酪→橘子果肉→蓝莓→鲜奶油→核桃→蓝莓→枫糖浆

蓝莓酸奶变奏曲

加点蓝莓果酱吧
可以舍弃枫糖浆,改用蓝莓果酱。只要不把核桃泡软,其实铺在哪一层,都可以!

来一匙冰激凌吧
嗜甜的"蚂蚁一族",可以加大鲜奶油的比重,或者在最上层舀一匙冰激凌。

来点综合坚果吧
将核桃换成其他坚果,如腰果、杏仁果、瓜子、夏威夷果、开心果、胡桃等。

关键在于将奶油乳酪和鲜奶油两者充分打发，才能成为具有支撑力的隔层。

喜欢酸奶口味的人，可以在最底层铺上一层希腊酸奶，搭配脆脆的山核桃，甜甜的蓝莓，再淋上香醇的枫糖浆，绝对让人一口接一口！

甜菜根薯泥优格

使用器具： 汤匙、叉子

放置时间： 1～2 天

材料

主食材： 甜菜根 40 克，土豆 200 克，动物性鲜奶油 10 克
酸奶油： 原味优格 20 克，动物性鲜奶油 80 克

做法

1. 将优格与动物性鲜奶油以 1：4 的比例混合均匀，密封后以室温发酵 8～10 小时，变浓稠后即是酸奶油。
2. 土豆蒸熟，加入 10 克动物性鲜奶油拌匀；甜菜根磨成泥状。

 这么装就对了

甜菜根泥→酸奶油→甜菜根泥→土豆泥

奶味夹层变奏曲

鲜奶油
直接将动物性鲜奶油打至硬性发泡即可；鲜奶油比例高时，吃起来会比较甜。

原味鲜奶酪
不擅厨艺的人，不妨以市售的原味鲜奶酪代替，或使用牛奶布丁亦可。

原味豆花
担心热量太高的人，可用原味豆花取代酸奶油，速配指数同样爆表！

拜生机饮食所赐，现在很多地方都可以买到甜菜根，它的色泽十分艳丽，红中带紫，含有非常丰富的维生素 B_{12} 及铁质，是造血机制的必需元素之一，女孩们可以多吃。保存时可事先削皮、切块，分装后放入冷冻库，能延长保存时间。

早餐罐，该怎么准备呢？

营养学家指出，应该在早上吃能够阻滞脂肪吸收的食物，而在晚上吃帮助脂肪燃烧的食物。

能够阻挡脂肪入侵的食物包括：燕麦、米饭、面包、荞麦、玉米、苹果、香蕉、梨子、菠萝等，而一些零食如薄烤饼、爆米花、饼干等，也尽可能在早上食用。

土司层
变奏曲

消化饼

以全麦、燕麦、麦纤为主要原料，支撑力会更好，也不会马上被其他食材泡软。

炸锅粑

以米为主要材料的锅粑，口感酥脆，除了原味之外，也能选择五谷或咸香等不同口味。

烤馒头

硬掉的馒头，稍微烤一下，香气会更足。各种口味的馒头皆可拿来当作隔层。

杂粮果泥土司罐

使用器具：**汤匙、叉子**

放置时间：**1～2天**

材料

主食材： 全麦土司 20 克，即食麦片 30 克，草莓果酱 15 克，葡萄干少许

香蕉优格： 香蕉 100 克，原味优格 15 克，肉桂粉适量，已打发鲜奶油 30 克

做法

1. 即食麦片泡软至不滴水状态。
2. 香蕉拌入优格、肉桂粉，捣成泥状。
3. 全麦土司以圆型模具压模，大小要比罐身直径再宽个 0.5 厘米。

 这么装就对了

全麦土司→香蕉优格→全麦土司→即食麦片→草莓果酱→鲜奶油→葡萄干

巧克力草莓奶酪

🍴 **使用器具:** 汤匙、叉子

放置时间: 1～2天

材料

主食材: 新鲜草莓 50 克,草莓果酱 15 克,巧克力谷片 45 克,生巧克力碎片 15 克

奶酪: 鲜奶 50 毫升,鲜奶油 500 克,明胶 2 克

做法

1. 将鲜奶与鲜奶油混和,加热至 40℃,再加入泡软的明胶,溶化后放凉,再放到冰箱冷藏直到凝固即成奶酪。
2. 新鲜草莓直接剁碎或捣成果泥,喜欢甜口味的人,可以拌入草莓果酱。

 这么装就对了

新鲜草莓泥→ 1/4 奶酪→ 1/2 巧克力谷片→ 1/4 奶酪→草莓果酱→ 1/2 巧克力谷片→ 1/2 奶酪→生巧克力碎片

巧克力变奏曲

巧克力谷片
不少品牌都有推出巧克力谷片,如果刚好有巧克力脆片或巧克力威化饼亦可。

可可球早餐脆片
想感受浓烈巧克力在嘴里奔放的滋味? 这种圆球造型的谷片就能满足您,也十分可爱。

巧克力蛋糕
香香软软的巧克力戚风蛋糕,或吃不完的巧克力蛋糕卷,都是奶酪的良伴。

巧克力和草莓，是不少女孩们的纾压圣品。
巧克力中的色胺酸成分能帮助合成血清素，
这是一种能带来喜悦感的神经传导物质，可间接缓解焦虑情绪。
食用时，若能加上香浓滑顺的奶酪，
绝对能让"好心情指数"加倍上涨。

美国癌症协会建议，每天摄取的蔬果中至少要包含一份蔓越莓，约等于半杯（55克）的蔓越莓果粒或3/4杯（180毫升）的蔓越莓纯汁。

而蓝莓更是女性同胞们的最佳好友，不但能对抗自由基、减缓老化，和蔓越莓一样，也可以预防或消除尿道感染，并改善腹泻或便秘困扰。

新鲜果酱
变奏曲

苹果果酱
苹果和白糖以约 3 ：1 的
比例混合，再加入柠檬汁
和肉桂粉，熬煮 20 ~ 25
分钟即可。

葡萄果酱
葡萄剥皮、去籽，葡萄皮要
先剁碎，才能和果肉、冰糖
一起熬煮。

洛神花果酱
洛神花的果胶，和苹果一样
非常丰富,洛神花加入冰糖，
熬煮约 10 分钟即可。

红蓝莓起司蛋糕

使用器具: 汤匙、叉子

放置时间: 1 ~ 2 天

材料

主食材: 起司蛋糕 40 克，苹果丁 45 克，全麦饼干 10 克，杏仁片少许
馅料: 草莓果酱、蓝莓果酱、奶油乳酪各 15 克，打发的鲜奶油 45 克，肉桂
粉少许

做法

1. 将冷冻过的起司蛋糕取出，解冻后切成 1.5 厘米厚的圆片。
2. 全麦饼干碾碎成屑状；苹果丁撒点肉桂粉，拌匀。
3. 奶油乳酪放置室温下，搅成乳霜状。

 这么装就对了

起司蛋糕→蓝莓果酱→打发的鲜奶油→苹果丁→全麦饼干→草莓果酱→起司蛋糕→奶油乳酪霜→
杏仁片

除了冲泡牛奶或豆浆之外，
不少人习惯在早上冲上一杯即食大燕麦，
不妨试着把它转变成更华丽一点的早餐。
燕麦麸皮含有丰富的维生素 B_1、维生素 B_2、维生素 E、
叶酸、钙、磷、锌、铁及亚麻油酸。
若您需要全胚芽即食燕麦，
也许，可以试着到生机饮食店寻宝一下！

燕麦糊
变奏曲

黑芝麻燕麦糊

燕麦糊中拌入可即食冲泡饮用的黑芝麻粉 15 克，或直接使用黑芝麻酱亦可。

南瓜燕麦糊

南瓜蒸熟，捣成泥状，再拌进燕麦糊中。市面上也有贩售冲饮式的南瓜粉。

红豆燕麦糊

将红豆汤煮滚，拌入大燕麦，放凉后就是一碗红豆燕麦糊了。

抹茶燕麦优格

使用器具: 汤匙、叉子

放置时间: 2～3 天

材料

下层食材: 即食大燕麦 75 克，白糖 15 克，抹茶粉 5 克
上层食材: 原味优格 50 毫升，胡桃 20 克，葡萄干适量

做法

1.将即食大燕麦加入抹茶粉、白糖，以热水冲泡至软，呈浓稠的燕麦糊。
2.燕麦糊放凉，倒入冰镇过的优格，最上层再铺上胡桃、葡萄干。

 这么装就对了

抹茶燕麦糊→优格→胡桃、葡萄干

南瓜奶酪

使用器具：**汤匙、叉子**

放置时间：**1～2 天**

材料

紫薯泥材料：南瓜 200 克，无盐奶油适量
夹层材料：鲜奶酪 100 克，燕麦饼 30 克

做法

1. 南瓜去皮，入锅蒸 15 分钟，用勺子压成泥，加入奶油，用打蛋器拌匀，备用。
2. 燕麦饼压碎或掰成碎片；装饰南瓜泥时，可装入挤花袋，挤出喜欢的花样。

 这么装就对了

燕麦饼碎片→鲜奶酪→燕麦饼碎片→南瓜泥

饼干夹层变奏曲

爆米花球
市面上的爆米花大多调味过，自己制作的话，可以搭配无盐奶油或植物油，更加健康。

蔬菜糙米球
不同于玉米片或谷片的口感，其糙米含量在95%以上，而且无麸质。

五彩球谷片
以玉米粉烘烤制成，五彩玉米球造型，是制造甜品时用来画龙点睛的最佳装饰。

南瓜的鲜嫩度与品种不同，
营养价值及烹饪用途也大不同！
嫩南瓜的维生素 C 及葡萄糖含量比老南瓜的丰富，
而老南瓜的钙、铁、胡萝卜素含量则较高。
除了外型呈爪状、外皮带点绿色花纹的美国南瓜
（也就是俗称的冬南瓜）比较适合凉拌之外，
大部分的南瓜都很适合做成南瓜泥，
前提是必须挑选纤维较少的品种。

柠檬蛋糕罐

使用器具: 汤匙、叉子

放置时间: 2 ~ 3 天

材料

主食材: 蛋糕 60 克,糖渍柠檬片 30 克
夹层食材: 已打发的鲜奶油 60 克,蔓越莓果酱 45 克

做法

1. 制作糖渍柠檬片时,柠檬片与冰糖的比例为 1 ∶ 3,以一层冰糖一层柠檬片的方式堆叠,腌制约 1 周后即可。
2. 以罐盖当作模子,将柠檬蛋糕片裁成 4 个圆片。
3. 将各种食材叠层即可。

 这么装就对了

蛋糕→蔓越莓果酱→鲜奶油→蛋糕→蔓越莓果酱→鲜奶油→蛋糕→糖渍柠檬片

红色果酱变奏曲

草莓果酱
现成草莓果酱或自制皆可,不过,要注意的是,自己做的草莓果酱颜色可能会偏白一些。

覆盆子果酱
覆盆子别名木莓,外型有一点点像迷你版的桑葚,但颜色是亮红色,进口食品超市或部分有机食品店都买得到。

黑醋栗果酱
黑醋栗又称为黑佳丽、黑加仑,原产于北欧,和蓝莓外型相似,但体型稍大、颜色较深,也常被制成果酱。

没吃完的名店蛋糕，冰一两天后口感立刻变差，吃起来干干的。

现在就给它们改变一下造型！

如果手边没有现成的柠檬蛋糕可用，一般戚风蛋糕、海绵蛋糕等原味蛋糕，都可以拿来当作蛋糕层哦。

所谓的「五谷杂粮」，其实大多以糙米、薏仁、红豆、燕麦、绿豆这五类为主，但目前杂粮行或有机食品店可以买到的谷类至少有30种，豆类也有十几种以上，营养成分各有不同，都可以运用在甜品里。

冰激凌
变奏曲

放上新鲜蓝莓

蓝莓表面含有果粉、果皮内含有丰富的花青素，因此只需用少许清水轻轻冲洗一下即可。

拌入葡萄果粒

刚拌入葡萄果粒时，冰激凌会有些软化，建议再拿回冷冻库结冻后才使用。

洒上葡萄干

其实不只是葡萄干，黑枣干、蔓越莓干、杏桃干、无花果干等都可以。

杂粮坚果冰激凌

🍴 **使用器具: 汤匙、叉子**

放置时间: 1小时

材料

干的食材: 五谷饭 45 克, 原味坚果 30 克, 新鲜小红莓适量
湿的食材: 香草冰激凌 1 球, 草莓果酱 15 克

做法

1.五谷饭蒸熟，放凉后备用。

2.坚果掰碎或不掰碎皆可，但需保留一定程度的颗粒感。

 这么装就对了

五谷饭→草莓果酱→坚果→香草冰激凌→新鲜小红莓

图书在版编目（ＣＩＰ）数据

轻·食尚　罐沙拉 / 孙晶丹主编. 一成都：四川科学技术出版社，2016.2

ISBN 978-7-5364-8291-3

Ⅰ. ①轻⋯　Ⅱ. ①孙⋯　Ⅲ. ①沙拉－菜谱　Ⅳ. ①TS972.121

中国版本图书馆CIP数据核字(2016)第012932号

轻·食尚　罐沙拉
qing　shishang　guanshala

主　　编	孙晶丹
出 品 人	钱丹凝
策划统筹	深圳市金版文化发展股份有限公司
责任编辑	肖　伊　陈敦和
责任出版	欧晓春
装帧设计	深圳市金版文化发展股份有限公司
出版发行	四川科学技术出版社
	成都市槐树街2号　邮政编码：610031
	官方微博：http://e.weibo.com/sckjcbs
	官方微信公众号：sckjcbs
	传真：028-87734039
成品尺寸	173mm×243mm
印　　张	9
字　　数	100千字
印　　刷	深圳市雅佳图印刷有限公司
版　　次	2016年3月第1版
印　　次	2016年3月第1次印刷
定　　价	29.80元

ISBN 978-7-5364-8291-3